Tasty Food
食在好吃

爱健康 | 爱生活 　凤凰含章
Phoenix-HanZhang

Tasty Food
食在好吃

豆浆米糊杂粮粥
一学就会

甘智荣 主编

江苏凤凰科学技术出版社　凤凰含章

图书在版编目（CIP）数据

豆浆米糊杂粮粥一学就会 / 甘智荣主编 . -- 南京：
江苏凤凰科学技术出版社，2015.10
（食在好吃系列）
ISBN 978-7-5537-4235-9

Ⅰ.①豆… Ⅱ.①甘… Ⅲ.①豆制食品－饮料－制作
②粥－食谱 Ⅳ.① TS214.2 ② TS972.137

中国版本图书馆 CIP 数据核字 (2015) 第 049015 号

豆浆米糊杂粮粥一学就会

主　　　编	甘智荣	
责 任 编 辑	张远文	葛　昀
责 任 监 制	曹叶平	周雅婷

出 版 发 行	凤凰出版传媒股份有限公司
	江苏凤凰科学技术出版社
出版社地址	南京市湖南路 1 号 A 楼，邮编：210009
出版社网址	http://www.pspress.cn
经　　　销	凤凰出版传媒股份有限公司
印　　　刷	北京旭丰源印刷技术有限公司

开　　　本	718mm×1000mm　1/16
印　　　张	10
插　　　页	4
字　　　数	250千字
版　　　次	2015年10月第1版
印　　　次	2015年10月第1次印刷

标 准 书 号	ISBN 978-7-5537-4235-9
定　　　价	29.80元

图书如有印装质量问题，可随时向我社出版科调换。

豆浆米糊杂粮粥，简单又滋补

　　国人喜吃，也讲究吃，如何吃得美味、吃得健康、吃得营养，就成了日常生活中的头等大事。其实早在几千年前，古人就帮我们解决了这一问题。古人云，"天生万物，独厚五谷""食之养人，全赖五谷"。《黄帝内经·素问》也提出了"五谷为养，五果为助，五畜为益，五菜为充，气味合而服之，以补精益气"的饮食调养原则，同时也说明了五谷杂粮在饮食中的重要地位。五谷杂粮不仅是人们日常生活中不可缺少的营养食物，也是最经济实用的食物。它的吃法十分多样，可作为主食或煲汤食用，也可做成各式米糊、豆浆及杂粮粥食用。

　　我国幅员辽阔，米糊、豆浆、杂粮粥的做法也是花色纷呈，各具特色。例如大米黑芝麻糊，是以大米、黑芝麻等为主要原料精制而成，具有大米和芝麻的浓郁香味，香滑可口，食而不腻，美味无穷；黄豆浆选料讲究，制作精细，营养丰富，老少皆宜，是人们最为喜爱的饮品之一；皮蛋瘦肉粥又称"有味粥"，采用新鲜肉片搭配鲜咸皮蛋熬制而成，清香爽口，风味独特。此外，还有清热解暑的绿豆粥、营养美味的黑豆浆、鲜香可口的干贝海带粥、安神宁心的银耳莲子米糊等，也都别具风味。

　　本书综合中华传统养生理论与现代医学保健知识，引入健康理念，并结合中国人日常的饮食习惯，系统地介绍了五谷杂粮与健康的关系，以及使用各种谷物制作养生米糊、豆浆、杂粮粥的制作步骤及其营养价值，还提供了科学实用的养生指导。全书按照疾病预防、提高免疫力以及不同人群和不同季节的养护滋补等特点对食用杂粮进行分类，介绍了多种养生米糊、豆浆、杂粮粥的做法，内容全面，体例清晰。

　　书中没有任何高深、枯燥的健康医学理论，而是把大家最关注的健康养生知识融入日常饮食之中，通过材料、做法、养生功效三方面介绍了每道杂粮餐的烹调技巧以及养生功效，内容深入浅出，简单明了。同时，本书为每道米糊、豆浆、杂粮粥都配上了精美图片，方便读者按图索骥。喷香的米糊，浓郁的豆浆，软糯的粥膳，道道经典，让每一位入厨者在家里利用简单食材就可做出美味又健康的佳肴，不用去餐厅也可让全家人每天都能享受到营养美味的米糊、豆浆、杂粮粥，吃出营养，吃出健康。

目录 Contents

PART 2
防病祛病篇

PART 3
因人补益篇

PART 4
增强体质篇

PART 5
养颜塑身篇

家庭制作小专栏

健康米糊的精细做法

在各种家庭打磨机还未普及之前，米糊的制作可谓是一项精细活儿，不过传统做法也有它独特的优势，在此就简略叙述一下。

1. 磨制

（1）石磨磨制　将食材浸泡好后，放入石磨中，磨成浆，然后滤去水分，再晒干，收粉贮存即可。这种磨法一般只适用于米、麦一类的谷物。

（2）打磨机磨制　将食材洗净晒干后，直接送到打磨坊打成粉末，适当翻晾后贮存即可。这种打磨法除适合谷类外，也适合一些山药、茯苓之类的中药材。

2. 加水调匀

在碗内盛入一定米粉后，加适量凉水或温水调拌均匀。

3. 入锅煮

（1）煮　传统米糊制作的最后一步是煮，将调拌好的米粉倒入锅中边煮边搅拌，直至成糊。

（2）隔水炖　传统米糊除了煮之外，也可采取隔水炖的方式。这种做法虽然更费时，但营养成分的保留更全面，也不容易上火。

巧用豆浆机做米糊

豆浆机除了做豆浆外，也能做米糊哦！以下就是使用豆浆机做米糊的步骤：

1. 清洗、浸泡

将需要打磨的食材去除杂质后，用清水淘洗 2 ~ 3 遍。需注意的是谷类及豆类在打磨前需要充分浸泡，使其更易打碎、熬煮，营养更易释放，利于人体吸收，同时充分浸泡后做出来的米糊口感也更为细腻。浸泡时间随具体食材和气候的不同而定，越坚硬的食材需要浸泡的时间越长。另外，在夏季食材浸泡的时间稍短，在冬季则要长一些。

2. 加水、按键

食材倒入豆浆机后，加入适量的水。一般情况下，100克的大米加1200毫升水比较合适，但如果食材中有含水量较多的水果、蔬菜，则应适当减少加水量；加好水后，将豆浆机盖好，找到"米糊"键，按下即可。

3. 倒出、调味

待豆浆机提示米糊做好后，即可将米糊倒出，再按照个人口味调制不同风味的米糊。

②

③

制作豆浆"三步"走

①

②

③

虽然市面上"现磨豆浆"的牌子随处可见，但始终不如自家打磨的豆浆香浓可口，那么我们就来看看如何利用豆浆机，"三步"搞定既卫生又营养美味的豆浆吧！

1. 精选豆子

在做豆浆前，首先要剔除坏豆，如被虫蛀过的豆子，以保证豆浆的品质。

2. 浸泡豆子

将挑选好的豆子或谷物清洗后，还必须进行浸泡。一般来说，豆子的浸泡时间在6～12个小时，米类谷物的浸泡时间则以2～4个小时为宜。温度是影响浸泡效果的重要原因，因此在夏季，浸泡时间可缩短，在冬季则应适当延长浸泡时间。

3. 打磨豆子

将泡发好的豆子放入豆浆机中，加入适量的水，按下"豆浆"键，待豆浆机提示完成后，将其倒出，加入适量的白糖，即可饮用。

豆浆保存小妙招

现榨的豆浆鲜美可口、营养丰富，但一次做太多，又喝不完，那么如何保存，才能做到既卫生又保证其营养不流失呢？

1. 准备容器

准备几个耐热、密封性好的容器，比如太空瓶、保温瓶或特别严实的罐头瓶。

2. 沸水杀菌

将洗净的容器用沸水烫一下。

3. 盛放豆浆

趁着容器刚烫过，将煮好的豆浆倒入，并留出 1/5 的容量。盖子轻轻盖上，不要拧紧。

4. 拧紧瓶盖

稍等十几秒，待豆浆放出一点热气后，再将瓶盖拧到最紧，然后放屋里自然冷却。

5. 冰箱保鲜

等豆浆冷却后，放入冰箱保鲜层中，就可存上 3 ~ 4 天了。想喝时取出再加热即可。

豆浆饮用宜忌表

宜	调节血脂	豆浆中含有丰富的维生素 E 和不饱和脂肪酸，饱和脂肪酸含量极低，适合糖尿病、高脂血症等患者食用。
	补锌	豆浆是补钙佳品，摄入过多会影响锌在人体内的比例，因此常喝豆浆的人需要适当补充锌元素，且需注意钙与锌最少要间隔半小时服用。
	与牛奶搭配饮用	豆浆与牛奶两者搭配饮用可均衡营养，但需注意两者不宜同煮。
忌	喝未煮熟的豆浆	煮开的豆浆需继续煮 3 ~ 5 分钟才算真正煮熟，若喝了未熟的豆浆，易出现恶心、呕吐、腹泻等症状。
	用红糖调味	豆浆不宜与红糖同食，易产生"变性沉淀物"，会破坏其营养成分。
	与生鸡蛋同食	生鸡蛋清中所含的黏液蛋白会与豆浆中所含的胰蛋白酶结合，生成复合蛋白，不利于消化。
	空腹饮用	空腹喝豆浆，豆浆中的蛋白质易直接转化为热量而被消耗掉，起不到补益的作用。
	与牛奶同煮	豆浆中的胰蛋白酶抑制因子对胃肠具有刺激作用，只有在 100℃的环境中经过数分钟的熬煮后才能被破坏；而如果牛奶在这样的温度下持续煮沸，其含有的蛋白质和维生素就会遭到破坏。
	与抗生素类药物同食	豆浆与抗生素类药物，如红霉素等一起服用，会产生不良反应。

煮杂粮粥的步骤

在不少人眼里，煮粥不过是把米淘好后，多加点水慢慢煮软的简单事儿。但如果要真正熬出一锅好粥，使米稠而不糊、糯而不烂，还是需要有一定的步骤与技巧的。煮粥的正确步骤：

  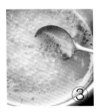  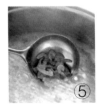

1. 浸泡

把米浸泡后下锅，不同食材浸泡的时间各不相同，应根据情况灵活调整。

2. 开水下锅

冷水煮粥容易糊锅，正确的做法是用开水煮粥，不仅不会出现糊锅的现象，而且还可让自来水中的氯得以最大挥发。

3. 搅拌

开水锅中下入食材，应即时搅拌几下。待到粥煮开后转小火熬煮，要注意朝同一个方向不停搅动。

4. 火候

待大火将米煮开后，转至小火继续慢慢熬煮至粥黏稠即可。

5. 底料分煮

粥和辅料分别煮到八九成熟，再放一起同熬片刻，一般以 5 ~ 10 分钟为宜。这样煮出来的粥既有每样食材的味道，又不串味。

健康食粥宜忌表

宜	食粥最宜在早晨	早晨正是人体需要补充水分和养分的时候，但因为脾较困顿、呆滞，胃津分泌也不多，所以不易进食太难消化的食物。此时若食用适量粥，不仅不会给脾胃带来太多负担，同时还能及时补充各种营养，为一天的活动注入新活力。
	海鲜粥宜加胡椒粉	鱼肉粥、虾仁粥等一类海鲜粥虽然鲜美，但难免带有一定的腥味，若加入适量的胡椒粉来调味，不仅可以除腥，而且还可起到防寒抑菌的作用。
忌	杂粮粥不宜多食	过量食用杂粮粥会导致腹胀、腹痛等消化不良症状。
	食用过烫的粥	食用过烫的粥易导致食管黏膜损伤，甚至坏死，严重者会诱发食管癌。
	把剩饭菜泡粥里吃	剩饭菜营养价值本就不高，若将其泡在粥里食用，菜粥混杂，不仅不能养胃，时间长了还容易造成脾胃损伤。
	生鱼粥不宜常食	若生鱼粥加热时间不长，鱼片里不少细菌或寄生虫很可能还未被杀灭，故不宜经常食用。
	老年人不宜把粥当作主食	虽然老年人宜适当增加粥食，但切不可将粥作为一日三餐的主食，因为毕竟粥所含的热量没有米饭高，长期以粥代饭很可能导致身体热量供给不足。
	孕妇忌食薏苡仁粥	薏苡仁中的薏苡仁油具有收缩子宫的作用，所以怀孕期间的妇女应避免食用。

流传千年的养生豆浆

豆浆是深受大家喜爱的一种饮品，也是老少皆宜的营养食品，它在欧美享有"植物奶"的美誉。随着豆浆营养价值的广为流传，关于豆浆所承载的历史文化，也引发了人们的关注。那么，我们祖祖辈辈都在食用的豆浆，它的来历究竟是怎样的呢？

据史料记载，豆浆是由西汉时期的刘安创造的。淮南王刘安很孝顺，有一次他的母亲患了重病，他请了很多医生用了很多药，母亲的病总是不见起色。慢慢地，母亲的胃口变得越来越差，而且还出现了吞咽食物困难的现象。刘安看在眼里，急在心头。因为母亲很喜欢吃黄豆，但由于黄豆比较硬，吃完之后不好消化，所以刘安每天把黄豆磨成粉状，再用水冲泡，给母亲食用，这就是豆浆的雏形。或许是豆浆的养生功效，其母亲在喝了豆浆之后，身体逐渐好转起来。后来，这道因为孝心而成的神奇饮品，就在民间流传开来。

考古发现，关于豆浆的最早记录是在中国出土的一块石板上，石板上刻有古代厨房中制作豆浆的情形。经考古论证，石板的年份为公元5～220年。公元82年成书的《论行》的一个章节中，也提到过豆浆的制作。这些都说明豆浆在中国已经走过了千年的历史，而且至今仍旧焕发着强大的生命力。实际上，豆浆不仅在中国受到欢迎，还赢得了全世界人们的喜爱。

豆浆，六大营养素助健康

1. 大豆蛋白质

豆类中的大豆蛋白为植物性蛋白，除了蛋氨酸含量略低外，其余人体必需的氨基酸含量都很丰富。最重要的是大豆蛋白在基因结构上最接近人体氨基酸，如果想要平衡地摄取氨基酸，可以说豆浆是很好的选择。

2. 皂素

原味豆浆带有少许涩味，这是由于豆类含有少量皂素。皂素具有抑制活性氧的作用，可有效预防因日晒造成的黑斑、雀斑等皮肤的老化症状，同时还能降低胆固醇，减少甘油三酯，防止肥胖。

3. 大豆异黄酮

豆浆中的大豆异黄酮又被称作"植物雌激素"，它能与女性体内的雌激素受体相结合，对雌激素起到双向调节的作用，对于预防乳腺癌和减轻女性更年期症状皆有很好的帮助。

4. 大豆卵磷脂

大豆卵磷脂为磷质脂肪的一种，主要存在于蛋黄、大豆、动物内脏中。一般情况下，每天食用5～8克的大豆卵磷脂，坚持2～4个月就可起到降低胆固醇的效果。

5. 脂肪

大豆含有20%左右的脂肪，主要为不饱和脂肪酸。所以，大豆脂肪不仅不会导致肥胖，而且具有降低血液浓度、保护心脑血管、预防血脂异常、防治高血压等功效。

6. 寡糖

原味豆浆即使不加糖也具有一股淡淡的清甜味，这主要是由于其中含有寡糖。寡糖可以帮助维护肠道菌群的生态平衡、促进营养的吸收、减少肠道有害毒素的产生，具有很好的护肠、整肠作用。

PART 1

四季调养篇

《灵枢·本神篇》曾指出："智者之养生也，必须顺四时而适寒暑，和喜怒而安居处，节阴阳而调刚柔，如是则邪僻不至，长生久视。"可知，养生之道应顺应四时，分别为：春天养生，夏天养长，秋天养收，冬天养藏。

高粱米糊

材料

高粱·····················50 克
大米·····················50 克
白糖·····················10 克
盐·······················3 克

做法

1. 高粱洗净，用清水浸泡8~10个小时；大米洗净，用清水浸泡2个小时。
2. 将浸泡好的高粱和大米倒入豆浆机中，加水至上、下水位线之间，按下"米糊"键。
3. 米糊煮好后，豆浆机提示做好，将米糊倒入碗中，加入适量的白糖或盐，搅拌均匀，稍冷却，即可食用。

养生功效

　　高粱味甘、性温，具有调和脾胃、消除积食、止泻涩肠的功效，对预防春季消化不良有显著作用。

韭菜虾仁粥

材料

韭菜·····················50 克
虾仁·····················50 克
大米·····················100 克
鸡汤·····················300 毫升
盐·······················适量

做法

1. 大米洗净，用清水浸泡1个小时；韭菜洗净，切成段；虾仁去虾线，洗净，过沸水。
2. 注水入锅，大火烧开，下大米煮至滚沸后，加入鸡汤转小火慢熬半个小时。
3. 半个小时后，加入虾仁，同煮片刻，倒入韭菜段继续煮约10分钟，待所有食材都煮熟后，加入适量的盐，即可出锅。

养生功效

　　韭菜可提升阳气，虾仁有壮阳的功效，二者煮粥食用对温阳、增强体质很有帮助。

西红柿菜花米糊

材料
大米·······················80 克
菜花·······················50 克
西红柿······················半个
白糖·······················适量

西红柿：清热止渴、健脾消食

做法
1.大米洗净，用清水浸泡2个小时；菜花洗净，切成小块；西红柿洗净，入沸水略烫，去皮，切成小块。
2.将以上食材全部倒入豆浆机中，加水至上、下水位线之间，按下"米糊"键。
3.米糊煮好后，豆浆机会提示做好；将米糊倒入碗中，加入适量的白糖，即可食用。

养生功效
　　此款米糊除具有滋阴润燥的功效，还可起到清补脾胃的作用。

西芹红枣豆浆

材料

西芹·····················30 克
红枣·····················10 颗
黄豆·····················50 克
白糖·····················适量

做法

1. 黄豆洗净，用清水浸泡6~8个小时；红枣用温水泡开，去核；西芹洗净，切碎。
2. 将以上食材全部倒入豆浆机中，加水至上、下水位线之间，按下"豆浆"键。
3. 待豆浆机提示豆浆做好后，倒出过滤出汁水，再加入适量的白糖，即可饮用。

养生功效

　　西芹具有行水、减肥的功效；红枣是补气、补血佳品，用二者同打成豆浆饮用，可起到提升气血、润燥利水的功效。

小麦胚芽大米豆浆

材料

小麦胚芽·················30 克
大米·····················30 克
黄豆·····················50 克
白糖·····················适量

做法

1. 黄豆清洗干净，用清水浸泡6~8个小时；大米洗净，用清水浸泡2个小时；小麦胚芽洗净，沥干水分。
2. 将以上食材全部倒入豆浆机中，加水至上、下水位线之间，按下"豆浆"键。
3. 待豆浆机提示豆浆做好后，倒出过滤，再加入适量的白糖，即可饮用。

养生功效

　　小麦胚芽含有丰富的维生素 E、蛋白质等营养成分，是老人和儿童的理想滋补品。

海带杏仁玫瑰粥

材料

海带·····················20 克
绿豆·····················50 克
杏仁·····················10 克
大米·····················50 克
玫瑰·······················5 克
红糖·······················适量

海带：软坚散结、祛脂降压

做法

1.大米、绿豆分别洗净，大米用清水浸泡1个小时；绿豆用清水浸泡4个小时；杏仁用温水泡开，去衣，切碎；海带洗净，切丝；玫瑰用温水泡开。

2.注水入锅，大火煮开后，下绿豆煮至六成熟后加入大米同煮。

3.待水再次煮开后，加入海带丝、杏仁碎、玫瑰花，转小火慢熬至粥熟，加入适量的红糖，待红糖溶化后，倒入碗中，即可食用。

养生功效

夏季出汗多，盐分消耗量大，此款粥既可补充无机盐，又能起到恢复体力的作用。

牛肉南瓜米糊

材料

大米······60 克
南瓜······60 克
牛肉······30 克
生姜······1 块
盐······适量

做法

1. 大米洗净，用清水浸泡2个小时；南瓜去皮、去瓤，再洗净，切成小块；牛肉洗净，切至黄豆大小；生姜洗净，切丝。
2. 将以上食材全部倒入豆浆机中，加水至上、下水位线之间，按下"米糊"键。
3. 米糊煮好后，豆浆机会提示做好，倒入碗中，加入适量的盐，即可食用。

养生功效

　　牛肉有补脾养胃、温阳散寒的功效，此款米糊特意加入了生姜，对冬日驱寒很有帮助。

糙米核桃花生豆浆

材料

糙米······30 克
核桃仁······10 克
花生仁······15 克
黄豆······50 克
白糖······适量

做法

1. 黄豆洗净，用清水浸泡6~8个小时；糙米洗净，用清水浸泡4个小时；核桃仁、花生仁洗净，用温水泡开。
2. 将以上食材全部倒入豆浆机中，加水至上、下水位线之间，按下"豆浆"键。
3. 待豆浆机提示豆浆做好后，倒出过滤，再加入适量的白糖，即可饮用。

养生功效

　　此款豆浆营养丰富，具有补中益气、调和五脏的功效，非常适宜冬季饮用。

红枣枸杞子生姜米糊

材料

糯米	80 克
红枣	8 颗
枸杞子	20 克
生姜	1 块
红糖	适量

枸杞子： 养肝滋肾、益精明目

做法

1. 糯米洗净，用清水浸泡4个小时；红枣、枸杞子洗净，用温水泡发，红枣去核；生姜洗净，切丝。
2. 将以上食材全部倒入豆浆机中，加水至上、下水位线之间，按下"米糊"键。
3. 米糊煮好后，豆浆机会提示完成，倒入碗中，加入适量的红糖，即可食用。

养生功效

　　此款米糊中，糯米、红糖都具有暖身的作用，红枣、枸杞子、生姜具有活血化淤、益气养血的功效。

杏仁松子豆浆

材料

杏仁	20 克
松子	20 克
黄豆	50 克
白糖	适量

做法

1. 黄豆洗净，用清水浸泡6~8个小时；松子洗净，控干；杏仁洗净，用温水泡开。
2. 将以上食材全部倒入豆浆机中，加水至上、下水位线之间，按下"豆浆"键。
3. 待豆浆机提示做好后，倒出过滤，再加入适量的白糖，即可饮用。

养生功效

　　冬季进补，可以适当食用一些坚果。此款豆浆含有大量蛋白质等营养成分，尤其适宜冬季饮用。

羊肉萝卜粥

材料

大米	100 克
羊肉	50 克
白萝卜	50 克
蜂蜜	20 克

高汤、盐、葱花各适量

做法

1. 大米洗净，用清水浸泡1个小时；羊肉洗净，切成片；白萝卜去皮，洗净，切成块。
2. 将高汤倒入锅中，大火烧开，倒入大米，待再煮开后，加入白萝卜块同煮。
3. 待粥再次煮开时，转小火慢熬成稀粥，倒入羊肉片煮熟后，加入适量的盐、葱花调味，即可出锅。

养生功效

　　羊肉具有补体虚、益肾气的功效，此款粥具有温肾补阳的功效，适宜耐补者冬季食用。

绿豆粥

材料

绿豆······················50 克
大米·····················100 克
薏苡仁·····················30 克
白糖·····················适量

绿豆：清热解毒、消暑开胃

做法

1. 绿豆、大米、薏苡仁分别洗净，绿豆、薏苡仁用清水浸泡4个小时，大米用清水浸泡1个小时。
2. 注水入锅，大火煮开后放入绿豆、薏苡仁同煮至滚沸后，转小火继续煮至六成熟。
3. 加入大米，转大火同煮至再次滚沸，转小火煮至豆烂米熟，加入适量的白糖，待白糖溶化后，倒入碗中，即可食用。

养生功效

此款粥可起到祛除体内湿毒及缓解夏季水肿症状的作用。

黑豆糯米粥

材料

黑豆⋯⋯⋯⋯⋯⋯⋯⋯⋯60克
糯米⋯⋯⋯⋯⋯⋯⋯⋯⋯60克
白糖⋯⋯⋯⋯⋯⋯⋯⋯⋯适量

做法

1. 黑豆、糯米分别洗净，黑豆用清水浸泡6个小时，糯米用清水浸泡4个小时。
2. 注水入锅，大火煮开后，倒入黑豆、糯米同煮，注意搅拌。
3. 待水煮至滚沸，转小火继续慢熬至豆烂粥稠，加入适量的白糖调味，待白糖溶化，倒入碗中，即可食用。

养生功效

　　此款粥具有滋阴润燥、和胃健脾的功效，尤其适宜易上火者食用。

黑豆姜汁豆浆

材料

生姜⋯⋯⋯⋯⋯⋯⋯⋯⋯1块
黑豆⋯⋯⋯⋯⋯⋯⋯⋯⋯80克
红糖⋯⋯⋯⋯⋯⋯⋯⋯⋯适量

做法

1. 黑豆洗净，用清水浸泡6~8个小时；生姜洗净，去皮，切成小片。
2. 将以上食材全部倒入豆浆机中，加水至上、下水位线之间，按下"豆浆"键。
3. 待豆浆机提示豆浆做好后，倒出过滤，加入适量的红糖，即可饮用。

养生功效

　　生姜具有发散风寒、化痰止咳的功效；黑豆具有补脾利水、解毒乌发的功效。此款豆浆可驱寒暖胃，同时对预防风寒感冒有非常显著的作用。

水果米糊

材料

大米·····················80 克
苹果·····················半个
梨·······················半个
香蕉·····················1 根
白糖·····················适量

苹果：生津止渴、健脾益胃

做法

1. 大米洗净，用清水浸泡2个小时；苹果、梨分别洗净去皮去核，切成小块；香蕉洗净剥皮，切成小块。
2. 将以上食材全部倒入豆浆机中，加水至上、下水位线之间，按下"米糊"键。
3. 米糊煮好后，豆浆机会提示做好；将米糊倒入碗中，加入适量的白糖，即可食用。

养生功效

此款米糊含有大量的维生素，具有养阴润燥、清热除烦、通便、化痰的功效。

酸梅米糊

材料

大米……………………100 克
酸梅干……………………5 粒
白糖……………………适量

酸梅干： 益肝养胃、生津止渴

做法

1. 大米洗净，用清水浸泡2个小时；酸梅干用温水泡开。
2. 将以上食材全部倒入豆浆机中，加水至上、下水位线之间，按下"米糊"键。
3. 米糊煮好后，豆浆机会提示做好，倒入碗中，加入适量的白糖，即可食用。

养生功效

　　此款米糊可缓解因夏季炎热而引起的身体疲惫、眼干舌燥等症，但需要注意的是，胃酸分泌过多者应慎食。

绿茶米香豆浆

材料

绿茶⋯⋯⋯⋯⋯⋯⋯⋯10 克
大米⋯⋯⋯⋯⋯⋯⋯⋯40 克
黄豆⋯⋯⋯⋯⋯⋯⋯⋯50 克
白糖⋯⋯⋯⋯⋯⋯⋯⋯适量

做法

1.黄豆洗净，用清水浸泡6～8个小时；大米洗净，用清水浸泡2个小时；绿茶用温水泡开，备用。
2.将以上食材全部倒入豆浆机中，加水至上、下水位线之间，按下"豆浆"键。
3.待豆浆机提示豆浆做好后，倒出过滤，加入适量的白糖，即可饮用。

养生功效

　　绿茶具有清热祛火、提神醒脑、消除疲劳的功效。此款豆浆尤其适宜夏季饮用。

红薯大米米糊

材料

红薯⋯⋯⋯⋯⋯⋯⋯⋯80 克
大米⋯⋯⋯⋯⋯⋯⋯⋯80 克
白糖⋯⋯⋯⋯⋯⋯⋯⋯适量

做法

1.红薯洗净，去皮，切成小块；大米洗净，用清水浸泡2个小时。
2.将以上食材全部倒入豆浆机中，加水至上、下水位线之间，按下"米糊"键。
3.米糊煮好后，豆浆机会提示完成；将米糊倒入碗中，加入适量的白糖，即可食用。

养生功效

　　红薯含有丰富的钾元素，有助于保护心脏健康、维持血压正常及促进胆固醇的分解。

菊花绿豆豆浆

材料

菊花·····················10 克

绿豆·····················30 克

黄豆·····················50 克

白糖·····················适量

菊花： 疏风清热、明目解毒

做法

1.黄豆、绿豆洗净，用清水浸泡6~8个小时；菊花用温水泡开。

2.将以上食材全部倒入豆浆机中，加水至上、下水位线之间，按下"豆浆"键。

3.待豆浆机提示豆浆做好后，倒出过滤，再加入适量的白糖，即可饮用。

养生功效

　　绿豆具有清暑益气、止渴、利尿的功效；菊花具有清热解毒的功效；此款豆浆尤其适宜夏季上火者饮用。

木瓜银耳豆浆

材料

木瓜……………………半个
银耳……………………2朵
黄豆……………………80克
白糖……………………适量

做法

1. 黄豆洗净后，用清水浸泡6～8个小时；银耳用温水泡开，撕碎；木瓜洗净，去皮、去籽，切成小块。
2. 将以上食材全部倒入豆浆机中，加水至上、下水位线之间，按下"豆浆"键。
3. 待豆浆机提示豆浆做好后，倒出过滤，再加入适量的白糖，即可饮用。

养生功效

　　此款豆浆有滋阴润肺、美肤丰胸的功效，适宜女性饮用。

豌豆小米豆浆

材料

豌豆……………………30克
小米……………………30克
黄豆……………………50克
白糖……………………适量

做法

1. 黄豆洗净，用清水浸泡6～8个小时；小米洗净，用清水浸泡2个小时；豌豆洗净。
2. 将以上食材全部倒入豆浆机中，加水至上、下水位线之间，按下"豆浆"键。
3. 待豆浆机提示豆浆做好后，倒出过滤，再加入适量的白糖，即可饮用。

养生功效

　　黄豆、小米都具有很好的补虚作用，此款豆浆尤其适合体虚者饮用。

红豆红枣豆浆

材料

红豆……………………30 克

红枣……………………10 颗

黄豆……………………50 克

白糖……………………适量

红豆：健脾益胃、利尿消肿

做法

1. 黄豆、红豆洗净，用清水浸泡6~8个小时；红枣洗净，用温水泡开，去核。

2. 将以上食材全部倒入豆浆机中，加水至上、下水位线之间，按下"豆浆"键。

3. 待豆浆机提示豆浆做好后，倒出过滤，再加入适量的白糖，即可饮用。

养生功效

此款豆浆具有润燥滋阴、行气补血、清补脾胃的功效。

花生芝麻糯米米糊

材料

花生仁·····················80 克

黑芝麻·····················30 克

糯米·······················30 克

白糖······················适量

花生仁：养血止血、延缓衰老

做法

1. 花生仁、黑芝麻分别洗净；糯米洗净，用清水浸泡4个小时。
2. 将以上食材全部倒入豆浆机中，加水至上、下水位线之间，按下"米糊"键。
3. 米糊煮好后，豆浆机会提示做好，倒入碗中，加入适量的白糖，即可食用。

养生功效

　　此款米糊具有行气补血、养阴祛燥、乌发养颜、延缓衰老的功效。

红豆绿豆瘦身粥

材料
红豆·······················30 克
绿豆·······················30 克
山楂·······················30 克
红枣·······················10 颗
大米·······················50 克
白糖·······················适量

做法
1.红豆、绿豆分别洗净，浸泡；大米洗净，浸泡；山楂、红枣分别用温水泡开，去核。
2.注水入锅，大火烧开后，将所有食材一起下锅同煮，同时适当搅拌。
3.待水煮开后，转小火熬至豆烂粥成，加入白糖调味，倒入碗中，即可食用。

养生功效
　　红豆、绿豆都有清热解毒、利水消肿的功效，山楂有促进胃液分泌的作用。

紫菜虾皮粥

材料
紫菜·······················15 克
虾皮·······················15 克
松子·······················15 克
大米·······················100 克
盐·························适量

做法
1.大米洗净，用清水浸泡1个小时；紫菜撕小块，用清水泡开；虾皮、松子分别用清水洗净，沥干水分。
2.注水入锅，大火煮开，倒入大米煮开后转小火慢熬20分钟，加入紫菜、虾皮、松子同煮至粥黏稠，再加入盐，待盐溶化后，将粥倒入碗中，即可食用。

养生功效
　　此款粥能降低胆固醇与甘油三酯的含量。

莴笋核桃豆浆

材料

莴笋……………………30克
核桃仁…………………15克
黄豆……………………50克
白糖……………………适量

莴笋：消脂镇痛、安神益气

做法

1. 黄豆洗净，用清水浸泡6~8个小时；核桃仁洗净，用温水泡开；莴笋洗净，去皮，切小块。
2. 将以上食材全部倒入豆浆机中，加水至上、下水位线之间，按下"豆浆"键。
3. 待豆浆机提示豆浆做好后，倒出过滤，再加入适量的白糖，即可饮用。

养生功效

　　此款豆浆除能止咳外，还具有利尿、通乳、宽肠通便的功效，但有眼疾者不宜饮用。

黑米核桃米糊

材料

黑米·····················70 克
大米·····················20 克
核桃仁···················30 克
白糖·····················适量

做法

1. 黑米洗净，用清水浸泡4个小时；大米洗净，用清水浸泡2个小时；核桃仁洗净，用温水泡开。
2. 将以上食材全部倒入豆浆机中，加水至上、下水位线之间，按下"米糊"键。
3. 米糊煮好后，豆浆机会提示做好；将米糊倒入碗中，加入适量的白糖，即可食用。

养生功效

　　此款米糊具有补中益气、增强体质、平喘止咳的功效。

百合南瓜粥

材料

百合·····················30 克
南瓜·····················70 克
大米·····················70 克
冰糖·····················适量

做法

1. 大米洗净，用清水浸泡1个小时；百合洗净，用温水泡开；南瓜去皮、去瓤，切块。
2. 注水入锅，大火煮开，倒入大米、南瓜块、百合同煮至滚沸。
3. 转成小火继续慢慢熬煮至粥黏稠，加入适量的冰糖调味，待冰糖溶化后，倒入碗中，稍凉后，即可食用。

养生功效

　　此款粥特别适合肺燥咳喘者食用，秋季多咳者可视自身情况适当多服食一些。

冰糖银耳红枣雪梨粥

材料

银耳……………………2 朵
红枣……………………10 颗
雪梨……………………1 个
大米……………………100 克
冰糖……………………适量

银耳： 补脾开胃、滋阴润肺

做法

1. 大米洗净，用清水浸泡1个小时；银耳洗净，用温水泡发，去蒂，撕成小朵；红枣洗净，用温水泡开，去核；雪梨去皮去核，切成块。

2. 注水入锅，大火煮开，倒入大米、红枣、银耳同煮，边煮边搅拌，待水煮开后，转小火继续熬煮20分钟，加入雪梨块、冰糖，继续煮10分钟后，即可食用。

养生功效

　　雪梨生食具有生津润燥的功效，熟食则有助于肾脏排泄尿酸，预防痛风。

百合菜心米糊

材料

大米·····················80 克
白菜心·····················30 克
干百合·····················30 克
胡萝卜·····················20 克
蜂蜜·······················适量

干百合： 养阴润肺、清心安神

做法

1. 大米洗净，用清水浸泡2个小时；干百合用温水泡发；白菜心洗净，切碎；胡萝卜洗净，切成丁。
2. 将以上食材全部倒入豆浆机中，加水至上、下水位线之间，按下"米糊"键。
3. 米糊煮好后，豆浆机会提示做好；将米糊倒入碗中，加入适量的蜂蜜，即可食用。

养生功效

此款米糊适宜在早春食用，可起到清肝火的作用，同时也可缓解因肝火旺引起的头痛、咽干等症状。

PART 2
防病祛病篇

不同疾病的饮食宜忌也不一样，要"辨病施食"。食物作用于某种疾病，除其所含的营养成分和微量元素能对各种疾病有防治作用，更主要的是食物所属的不同性味可以针对不同疾病起到不同的效果。正如《内经素问·六节脏象论》里说："天食人以五气，地食人以五味。"五味养五脏，酸入肝，苦入心，甘入脾，辛入肺，咸入肾。

生姜红枣豆浆

材料

生姜⋯⋯⋯⋯⋯⋯⋯⋯1 小块

红枣⋯⋯⋯⋯⋯⋯⋯⋯10 颗

黄豆⋯⋯⋯⋯⋯⋯⋯⋯60 克

红糖⋯⋯⋯⋯⋯⋯⋯⋯适量

做法

1. 黄豆清洗干净，用清水浸泡6~8个小时；红枣用温水泡开，去核；生姜洗净，去皮，切成薄片。
2. 将以上食材全部倒入豆浆机中，加水至上、下水位线之间，按下"豆浆"键。
3. 待豆浆机提示做好，倒出过滤后，调入适量红糖即可。

养生功效

　　此款豆浆具有促进血液循环及预防感冒的作用。

韭菜瘦肉米糊

材料

韭菜⋯⋯⋯⋯⋯⋯⋯⋯50 克

猪瘦肉⋯⋯⋯⋯⋯⋯⋯20 克

大米⋯⋯⋯⋯⋯⋯⋯⋯100 克

盐⋯⋯⋯⋯⋯⋯⋯⋯⋯适量

做法

1. 韭菜去黄叶，洗净，切碎；猪瘦肉洗净，焯水切碎；大米洗净，用清水浸泡2个小时。
2. 将以上食材全部倒入豆浆机中，加水至上、下水位线之间，按下"米糊"键。
3. 米糊煮好后，豆浆机会提示做好；将米糊倒入碗中后，加入适量的盐，即可食用。

养生功效

　　韭菜具有温中散寒、活血温阳的功效。此款米糊可预防因风寒导致的感冒。

葱白粥

材料

葱白·····················30 克
大米·····················100 克
盐·······················适量

葱白： 温中散寒、解痉止痛

做法

1. 大米洗净，用清水浸泡1个小时；葱白洗净，切成段。
2. 注水入锅，大火煮开，倒入大米熬煮，边煮边搅拌。
3. 待水煮开，转小火熬至八成熟，加入葱白，同煮至粥成，再加入适量的盐，待盐溶化后，将粥倒入碗中，即可食用。

养生功效

初受风寒时，食用此款粥可驱逐体内寒气及预防风寒型感冒。

山药扁豆粥

材料

鲜山药······················30 克

扁豆··························15 克

大米··························30 克

白糖··························适量

做法

1.大米、扁豆分别洗净，用水浸泡2～3个小时，捞出沥干水分，放入砂锅中。

2.砂锅置火上，入水适量，大火煮沸后转小火熬煮至八成熟。

3.山药去皮，洗净，捣成泥状，加入砂锅中拌匀煮熟，调入适量白糖即可。

养生功效

　　山药有益肺止咳的功效；扁豆有健脾化湿的功效。二者合熬成粥，有增强免疫力和补益脾胃的功效，适宜风寒型感冒患者服用。

芋头香菇粥

材料

芋头··························35 克

猪肉··························60 克

大米··························80 克

香菇、虾皮、盐、芹菜各适量

做法

1.香菇用清水洗净，切片；猪肉洗净，焯水切末；芋头洗净，去皮，切小块；芹菜洗净切粒；虾皮用水稍泡洗净，捞出；大米淘净，用清水浸泡1个小时。

2.锅中注水，放入大米，待水煮开，改中火，放入芋头、猪肉、香菇、虾皮煮至粥将成时，加入适量的盐调味，撒入芹菜粒即可。

养生功效

　　芋头有益胃宽肠、理气化痰的功效；香菇有益气补虚、健脾和胃、改善食欲的功效。此款粥能辅助治疗风寒引起的感冒等症。

小白菜萝卜粥

材料

小白菜·····················30 克
大米·······················80 克
胡萝卜、盐、味精、香油各适量

做法

1. 小白菜洗净，切丝；胡萝卜洗净，切小块；大米洗净，用清水浸泡1个小时。
2. 锅置火上，注水后，放入大米，用大火煮至米粒绽开。
3. 放入胡萝卜、小白菜，用小火煮至粥成，放入盐、味精，滴入香油即可食用。

养生功效

　　小白菜有通利肠胃、清热解毒、止咳化痰、利尿的功效；胡萝卜能健脾、化滞，可治消化不良、久痢、咳嗽、眼疾等症。此款粥能辅助治疗风寒引起的鼻塞、咳嗽等症。

空心菜粥

材料

空心菜·····················15 克
大米·······················100 克
盐·························2 克

做法

1. 大米洗净，用清水浸泡1个小时；空心菜洗净，切圈。
2. 锅置火上，注水后，放入大米，用大火煮至米粒绽开。
3. 放入空心菜，用小火煮至粥成，调盐入味，即可食用。

养生功效

　　空心菜有清热凉血、利尿、解毒、利湿止血等功效；大米含有蛋白质、维生素 B_1、维生素 A、维生素 E、脂肪及多种矿物质。大米与空心菜合熬成粥，有解毒祛痛的功效。

杏仁陈皮姜米糊

材料

大米·····················80 克
杏仁·····················20 克
陈皮·····················15 克
生姜·····················1 小块
红糖·····················适量

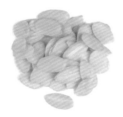

杏仁：止咳平喘、润肠通便

做法

1. 大米洗净，用清水浸泡2个小时；杏仁用温水泡开；陈皮、生姜加水煎煮半个小时，取汁备用。
2. 将以上食材倒入豆浆机中，加水至上、下水位线之间，按下"米糊"键。
3. 米糊煮好后，豆浆机会提示做好；将米糊倒入碗中，加入适量的红糖，即可食用。

养生功效

　　此款米糊具有化痰止咳、散寒温中、调和脾胃的功效，但体内有湿热者不宜食用。

百合粥

材料

百合······················40 克
红枣······················5 颗
大米······················100 克
冰糖······················适量

做法

1.大米洗净，用清水浸泡1个小时；百合、红枣分别用温水泡开。
2.注水入锅，大火烧开，倒入大米熬煮，边煮边搅拌。水煮开后，加入百合、红枣同煮，待水再次煮开，加入适量的冰糖，待冰糖溶化后，将粥倒入碗中，即可食用。

养生功效

　　百合富含多种生物碱、蛋白质等营养成分，对体虚肺弱引起的肺结核等病具有辅助治疗的作用。

雪梨银耳川贝米糊

材料

大米······················80 克
银耳······················1 朵
雪梨······················1 个
川贝······················5 粒
白糖······················适量

做法

1.大米洗净，用清水浸泡2个小时；银耳、川贝分别用温水泡发；雪梨洗净，去皮、去核，切小块。
2.将以上食材全部倒入豆浆机中，加水至上、下水位线之间，按下"米糊"键。
3.豆浆机提示米糊煮好后，加入白糖调味，即可食用。

养生功效

　　此款米糊中，川贝具有化痰止咳的功效，银耳、雪梨也具有较强的滋阴润燥作用。

白果豆浆

材料
白果··················10克
黄豆··················80克
白糖··················适量

白果： 排毒养颜、补脾益气

做法
1.黄豆洗净，用清水浸泡6~8个小时；白果去壳，取肉，用温水泡开。
2.将以上食材全部倒入豆浆机中，加水至上、下水位线之间，按下"豆浆"键。
3.待豆浆机提示豆浆做好后，倒出过滤，再加入适量的白糖，即可饮用。

养生功效
　　此款豆浆对肺燥引起的干咳有辅助治疗作用，但白果有少量毒素，不宜过量食用，且儿童饮用此款豆浆时须谨慎，最好咨询专业医生。

莲子粥

材料

莲子······················50 克
枸杞子··················10 克
大米······················80 克
冰糖······················适量

做法

1. 大米洗净，用清水浸泡1个小时；莲子用温水泡开，去皮，去心；枸杞子用温水泡开。
2. 注水入锅，大火煮开，倒入大米、莲子同煮，边煮边搅拌。
3. 待水煮开后，加入枸杞子转小火熬至米软粥稠，再加入适量的冰糖，待冰糖溶化后，倒入碗中，即可食用。

养生功效

　　此款粥除具有安神、清心的功效外，还具有止咳祛火的作用。

红豆枇杷叶粥

材料

红豆······················80 克
枇杷叶··················15 克
大米······················100 克
盐··························2 克

做法

1. 大米洗净，用水浸泡1个小时；枇杷叶刷净绒毛，切丝；红豆洗净，用水浸泡6～8个小时，捞出，沥干水分。
2. 锅置火上，倒入清水，放入大米、红豆，以大火煮至米粒绽开。
3. 放入枇杷叶，再转小火煮至粥呈浓稠状，调入盐拌匀即可。

养生功效

　　红豆有健脾生津、增强体力、增加免疫力等功效；枇杷叶有化痰止咳的功效。红豆、枇杷叶、大米合熬成粥，有润肺止咳的功效。

枸杞子牛肉粥

材料
牛肉·····················100 克
枸杞子·····················50 克
大米·····················80 克
生姜丝、盐、鸡精各适量

做法
1.大米洗净，用清水浸泡1个小时；牛肉洗净，焯水切丝；枸杞子洗净。
2.大米、枸杞子入锅，加适量清水，大火煮沸，放入牛肉丝、生姜丝。
3.小火熬煮成粥，加盐、鸡精调味即可。

养生功效
　　枸杞子有滋肾润肺、补肝明目的功效，多用于治疗虚劳咳嗽等症；牛肉有温胃、滋养、益补、强健筋骨等功效。牛肉、枸杞子、大米合熬成粥，常食有润肺止咳的功效。

牛肉南瓜粥

材料
牛肉·····················120 克
南瓜·····················100 克
大米·····················100 克
盐、味精、生抽、葱花各适量

做法
1.南瓜洗净，去皮去瓤，切丁；大米淘净；牛肉洗净，切片，用盐、味精、生抽腌制。
2.锅中注水，放入大米、南瓜，大火煮沸，转中火熬煮至米粒绽开。
3.放入牛肉片，转小火待粥熬出香味，加盐调味，撒上葱花即可。

养生功效
　　南瓜有调整糖代谢、增强机体免疫力的功效；牛肉有强健筋骨的功效；大米有补中养胃、养五脏等功效。此粥有润肺止咳的功效。

桑叶黑米豆浆

材料

干桑叶······················10 克
黑米························40 克
黄豆························50 克
白糖························适量

黑米：滋阴补肾、延缓衰老

做法

1. 黄豆清洗干净，用清水浸泡6～8个小时；黑米清洗干净，用清水浸泡4个小时；干桑叶用温水泡开。

2. 将以上食材全部倒入豆浆机中，加水至上、下水位线之间，按下"豆浆"键。

3. 待豆浆机提示豆浆做好后，倒出过滤，再加入适量的白糖，即可饮用。

养生功效

此款豆浆具有降血压、清肺止咳、清热明目、益肝肾的功效，尤其适合肝燥及高血压患者饮用。

鸭肉玉米粥

材料

红枣·····················5 颗
鸭肉·····················50 克
玉米粒···················20 克
大米·····················100 克
高汤、料酒、葱花、香油、盐、
食用油各适量

做法

1. 红枣洗净去核，切成小块；大米、玉米粒淘净泡好；鸭肉洗净切块，用料酒腌制片刻。
2. 锅入食用油，放鸭肉过油，倒高汤、大米、玉米粒煮沸，放入红枣熬煮半个小时。
3. 改小火，待粥熬出香味，加盐调味，淋香油，撒上葱花即可。

养生功效

　　此粥可用于辅助治疗营养不良、水肿、咳嗽等症。

胡萝卜菠菜米糊

材料

胡萝卜····················50 克
菠菜·····················50 克
大米·····················100 克
盐·······················适量

做法

1. 胡萝卜洗净，切丁；菠菜洗净，切碎；大米洗净，用清水浸泡2个小时。
2. 将以上食材全部倒入豆浆机中，加水至上、下水位线之间，按下"米糊"键。
3. 米糊煮好后，豆浆机会提示做好；将米糊倒入碗中，加入适量的盐，即可食用。

养生功效

　　菠菜具有补血、通肠利便、防治痔疮、促进新陈代谢等功效。此款米糊含有丰富的维生素和矿物质，能有效预防复发性口腔溃疡。

蒲公英绿豆豆浆

材料
干蒲公英····················20 克
绿豆·····················30 克
黄豆·····················50 克
白糖·····················适量

做法
1. 黄豆、绿豆分别洗净，用清水浸泡6～8个小时；干蒲公英用温水泡开，切碎。
2. 将以上食材全部倒入豆浆机中，加水至上、下水位线之间，按下"豆浆"键。
3. 待豆浆机提示豆浆做好后，倒出过滤，再加入适量的白糖，即可饮用。

养生功效
　　此款豆浆具有消肿利水、清热解毒的功效，但体虚体寒者不宜饮用。

冰糖雪梨豆浆

材料
雪梨·····················1 个
黄豆·····················50 克
冰糖·····················适量

做法
1. 黄豆洗净，用清水浸泡6～8个小时；雪梨洗净，去皮，去核，切成小块。
2. 将以上食材全部倒入豆浆机中，加水至上、下水位线之间，按下"豆浆"键。
3. 待豆浆机提示豆浆做好后，倒出过滤，加入适量的冰糖，即可饮用。

养生功效
　　此款豆浆具有滋阴润燥、清肺热的功效，同时也可缓解口腔溃疡带来的疼痛。

乌梅生地绿豆粥

材料

乌梅……………………20 克
生地……………………20 克
绿豆……………………50 克
大米……………………70 克
冰糖……………………适量

乌梅：益肝养胃、生津止渴

做法

1. 大米、绿豆分别洗净，大米浸泡1个小时，绿豆浸泡4个小时；乌梅、生地洗净，切片，两者同加水煎煮，取汁备用。
2. 注水入锅，大火煮开，倒入绿豆煮至水滚沸后，加入大米同煮，待水再次煮开后，加入生地乌梅汁转至小火继续慢熬至豆软粥稠，再加入适量的冰糖调味，待冰糖溶化后，将粥倒入碗中，即可食用。

养生功效

　　此粥可起到辅助治疗便秘、血管硬化等症的作用。

小米米糊

材料

小米……………………………100 克
盐或红糖…………………………适量

做法

1.小米洗净，用清水浸泡2个小时。
2.将浸泡好的小米倒入豆浆机中，加水至上、
下水位线之间，按下"米糊"键。
3.米糊煮好后，豆浆机会提示做好；将米糊倒
入碗中，按照个人口味加入适量的红糖或盐
调味，即可食用。

养生功效

　　此款米糊具有滋阴养胃、助消化的功效，
同时对护肤、强精、延缓衰老也有一定的作用。

木瓜青豆豆浆

材料

木瓜…………………………半个
青豆…………………………30 克
黄豆…………………………50 克
白糖…………………………适量

做法

1.黄豆洗净，用清水浸泡6~8个小时；木瓜洗
净，去皮，去籽，切成小块；青豆洗净。
2.将以上食材全部倒入豆浆机中，加水至上、
下水位线之间，按下"豆浆"键。
3.待豆浆机提示豆浆做好后，倒出过滤，再加
入适量的白糖，即可饮用。

养生功效

　　此款豆浆具有预防胃病、美容养颜的功
效，同时也能缓解消化不良带来的不适。

大麦糯米粥

材料

大麦……………………50克
糯米……………………50克
冰糖……………………适量

大麦：平胃止渴、消食除胀

做法

1. 糯米、大麦分别洗净，用清水浸泡3~4个小时，捞出，沥干水分。
2. 注水入锅，大火煮开，倒入糯米、大麦同煮，边煮边搅拌。
3. 待水再煮开，转小火继续熬至米软粥稠，再加入适量的冰糖调味，待冰糖溶化后，将粥倒入碗中，即可食用。

养生功效

　　大麦具有健脾消食、止渴、利尿的作用；糯米可健脾养胃、补中益气，二者同煮成粥尤其适合脾胃虚弱者食用。

百合绿豆薏苡仁粥

材料
百合·······················30 克
绿豆·······················40 克
薏苡仁······················20 克
大米·······················50 克
白糖·······················适量

做法
1. 大米、绿豆、薏苡仁分别洗净，绿豆、薏苡仁用清水浸泡4个小时；百合用温水泡开。
2. 锅入水，大火煮开，倒入绿豆、薏苡仁，水煮开后加入大米、百合同煮，边煮边搅拌。
3. 待水再次煮开后，转小火继续慢熬至粥黏稠，加入适量的白糖调味，待白糖溶化后，将粥倒入碗中，即可食用。

养生功效
　　百合可安神；绿豆、薏苡仁有利水的功效。三者同熬成粥，常食对安神静心有很好的作用。

菠萝苹果米糊

材料
大米·······················100 克
菠萝肉······················80 克
苹果·······················1 个
白糖·······················适量

做法
1. 大米洗净，用清水浸泡2个小时；菠萝肉切丁；苹果洗净，去皮，去核，切丁。
2. 将以上食材全部倒入豆浆机中，加水至上、下水位线之间，按下"米糊"键。
3. 米糊煮好后，豆浆机会提示做好；将米糊倒入碗中，加入适量的白糖，即可食用。

养生功效
　　菠萝所含的酶有助于人体消化肉类等蛋白质食物；苹果具有养胃健胃的功效，此款米糊尤其适合荤食者食用。

莴笋山药豆浆

材料

莴笋⋯⋯⋯⋯⋯⋯⋯⋯⋯30 克
山药⋯⋯⋯⋯⋯⋯⋯⋯⋯20 克
黄豆⋯⋯⋯⋯⋯⋯⋯⋯⋯50 克
白糖⋯⋯⋯⋯⋯⋯⋯⋯⋯适量

做法

1.黄豆洗净，用清水浸泡6～8个小时；莴笋、山药分别去皮，洗净，切成小块。
2.将以上食材全部倒入豆浆机中，加水至上、下水位线之间，按下"豆浆"键。
3.待豆浆机提示豆浆做好后，倒出过滤，再加入适量的白糖，即可饮用。

养生功效

　　此款豆浆可以刺激消化液分泌，进而达到促进消化的目的，同时也有清胃热的功效。

大米板栗豆浆

材料

大米⋯⋯⋯⋯⋯⋯⋯⋯⋯30 克
板栗⋯⋯⋯⋯⋯⋯⋯⋯⋯30 克
黄豆⋯⋯⋯⋯⋯⋯⋯⋯⋯60 克
白糖⋯⋯⋯⋯⋯⋯⋯⋯⋯适量

做法

1.黄豆洗净，用清水浸泡6～8个小时；大米洗净，用清水浸泡2个小时；板栗去壳，取肉，切成小碎块。
2.将以上食材全部倒入豆浆机中，加水至上、下水位线之间，按下"豆浆"键。
3.待豆浆机提示豆浆做好后，倒出过滤，再加入适量的白糖，即可饮用。

养生功效

　　板栗具有益气健脾、强筋壮骨的功效，但一次不宜食用过多，否则易产生胀气现象。

山楂粥

材料

山楂······40 克
大米······100 克
白糖······适量

山楂： 健胃消食、舒气散淤

做法

1. 大米洗净，用清水浸泡1个小时；山楂用温水泡软，去核。
2. 注水入锅，大火煮开，倒入大米和山楂熬煮，边煮边搅拌，待水煮开后，转小火继续慢熬至粥黏稠，加入适量的白糖调味，待白糖溶化后，将粥倒入碗中，即可食用。

养生功效

此款粥富含多种有机酸、维生素等营养元素，不仅可起到缓解积食、厌食的作用，同时也具有调节血压、保护心血管的功效。

陈皮粥

材料

陈皮……………………30 克
大米……………………100 克
冰糖……………………适量

做法

1. 大米洗净，用清水浸泡1个小时；陈皮洗净，用温水泡软，再切成细丝。
2. 注水入锅，大火煮开，倒入大米和陈皮同煮，边煮边搅拌。
3. 待水煮开，转小火继续慢熬至粥黏稠，再加入适量的冰糖调味，待冰糖溶化后，将粥倒入碗中，即可食用。

养生功效

　　陈皮具有理气开胃、除湿化痰、健脾养胃的功效，因此此款粥尤其适合儿童食用。

杏仁菠菜米糊

材料

杏仁……………………30 克
菠菜……………………50 克
大米……………………100 克
盐………………………适量

做法

1. 杏仁用温水泡开；菠菜洗净，切碎；大米洗净，用清水浸泡2个小时。
2. 将以上食材全部倒入豆浆机中，加水至上、下水位线之间，按下"米糊"键。
3. 米糊煮好后，豆浆机会提示完成；将米糊倒入碗中，加入适量的盐，即可食用。

养生功效

　　此款米糊中，菠菜含有丰富的膳食纤维，可起到清除肠道垃圾的作用；杏仁所含的优质蛋白则可起到润肠通便的作用。

绿豆山楂豆浆

材料

山楂……………………20 克

绿豆……………………80 克

白糖……………………适量

绿豆：清热解毒、消暑开胃

做法

1.绿豆洗净，用清水浸泡6～8个小时；山楂用温水泡开，去核。

2.将以上食材全部倒入豆浆机中，加水至上、下水位线之间，按下"豆浆"键。

3.待豆浆机提示豆浆做好后，倒出过滤，再加入适量的白糖，即可饮用。

养生功效

　　山楂味酸、甜，有刺激胃液分泌的作用，此款豆浆具有开胃健胃、清热凉血的功效。

苹果香蕉豆浆

材料

苹果……………………1个

香蕉……………………2根

黄豆……………………50克

白糖……………………适量

做法

1.黄豆洗净，用清水浸泡6~8个小时；苹果洗净，去皮，去核，切成小块；香蕉剥皮，切成小块。

2.将以上食材全部倒入豆浆机中，加水至上、下水位线之间，按下"豆浆"键。

3.待豆浆机提示豆浆做好后，倒出过滤，再加入适量的白糖，即可饮用。

养生功效

　　苹果性平，味甘、微酸，具有生津止渴、清热除烦、健胃消食的功效。此款豆浆具有开胃健胃的功效，尤其适合儿童饮用。

火龙果香蕉豆浆

材料

火龙果…………………半个

香蕉……………………1根

豌豆……………………20克

黄豆……………………50克

白糖……………………适量

做法

1.黄豆洗净，用清水浸泡6~8个小时；火龙果、香蕉分别去皮，切成小块；豌豆洗净。

2.将以上食材全部倒入豆浆机中，加水至上、下水位线之间，按下"豆浆"键。

3.待豆浆机提示豆浆做好后，倒出过滤，再加入适量的白糖，即可饮用。

养生功效

　　此款豆浆具有清热润肠、促进肠胃蠕动的功效。

香蕉粥

材料
香蕉·····················2根
大米·····················100克
蜂蜜·····················适量

香蕉： 清热润肠、利尿消肿

做法
1. 大米洗净，用清水浸泡1个小时；香蕉去皮，切小块。
2. 注水入锅，大火煮开，倒入大米熬煮，边煮边搅拌，待水煮至滚沸后转小火慢熬至粥黏稠，加入香蕉块，继续煮3～5分钟，再加入蜂蜜，待蜂蜜完全溶化后，将粥倒入碗中，即可食用。

养生功效
　　此款粥有润肠通便、润肺解酒的功效，但脾火盛者不宜食用。

芋头瘦肉粥

材料

芋头······················2 个
猪瘦肉·····················50 克
大米······················70 克
葱花······················适量
料酒······················适量
盐、食用油各适量

做法

1. 大米洗净泡透；芋头去皮洗净，切块，入沸水焯过；猪瘦肉洗净，切丁。
2. 锅入水，大火煮开，倒入大米和芋头同煮，煮至粥稠。
3. 另起锅，入油烧热，放入猪瘦肉丁翻炒，加料酒、盐调味，炒至八成熟时倒入粥中，与大米等同煮至片刻，撒上葱花即可。

养生功效

此粥有滋阴润燥、预防便秘的功效。

绿豆冬瓜米糊

材料

大米······················50 克
绿豆······················70 克
冬瓜······················50 克
白糖······················适量

做法

1. 大米洗净，用清水浸泡2个小时；绿豆洗净，用清水浸泡6~8个小时；冬瓜洗净，去皮，去瓤，切丁。
2. 将以上食材倒入豆浆机中，加水至上、下水位线之间，按下"米糊"键；待豆浆机提示米糊煮好后，倒入碗中，加入白糖即可。

养生功效

绿豆是常见的解暑佳品；冬瓜具有清热生津、除烦利水的功效，二者同打成米糊食用可起到解暑清热的效果。

扁豆粥

材料

扁豆·······················50 克
大米·······················100 克
盐·························适量

扁豆: 健脾和中、消暑化湿

做法

1. 大米洗净,用清水浸泡1个小时;扁豆洗净,剔除老筋,切片,入沸水略焯,捞出沥水备用。

2. 注水入锅,大火煮开,倒入大米熬煮,边煮边搅拌。

3. 待水煮沸后,加入扁豆片转小火慢熬至米软粥稠,再加入适量的盐,待盐溶化后,将粥倒入碗中,即可食用。

养生功效

　　扁豆气味清香而不串,性温和,与脾最合。此款粥适合因脾湿引起的恶心者食用。

菊花雪梨豆浆

材料

菊花·····················10 克
雪梨·····················1 个
黄豆·····················50 克
冰糖·····················适量

做法

1. 黄豆洗净，用清水浸泡6～8个小时；菊花用温水泡开；雪梨洗净，去皮、核，切成小块，备用。
2. 将以上食材全部倒入豆浆机中，加水至上、下水位线之间，按下"豆浆"键。
3. 待豆浆机提示豆浆做好，倒出过滤，加入适量的冰糖，即可饮用。

养生功效

此款豆浆不仅具有清热解暑、清肺润燥的功效，同时还具有清肝明目的功效。

芹菜酸奶米糊

材料

大米·····················70 克
酸奶·····················30 毫升
芹菜·····················30 克
白糖·····················适量

做法

1. 大米洗净，用清水浸泡2个小时；芹菜洗净，切碎。
2. 将以上食材加上酸奶全部倒入豆浆机中，加水至上、下水位线之间，按下"米糊"键。
3. 米糊煮好后，豆浆机会提示做好；将米糊倒入碗中，加入适量的白糖，即可食用。

养生功效

此款米糊不仅具有降压的作用，同时还对便秘、厌食有一定的调理功效。

绿豆薄荷豆浆

材料

薄荷·······················15 克

绿豆·······················30 克

黄豆·······················50 克

白糖·······················适量

薄荷： 清新怡神、疏风散热

做法

1. 黄豆、绿豆分别洗净，用清水浸泡6~8个小时；薄荷用温水泡开。

2. 将以上食材全部倒入豆浆机中，加水至上、下水位线之间，按下"豆浆"键。

3. 待豆浆机提示豆浆做好后，倒出过滤，再加入适量的白糖，即可饮用。

养生功效

　　此款豆浆具有醒脑消暑、疏风散热的功效，但晚上不宜饮用过多，以免影响睡眠。

海带绿豆粥

材料

海带·························30 克

绿豆·························40 克

大米·························80 克

盐·························适量

做法

1. 大米、绿豆分别用清水洗净，大米用清水浸泡1个小时，绿豆用清水浸泡4个小时；海带洗净切丝。
2. 注水入锅，大火煮开，倒入绿豆煮至滚沸后加入大米、海带丝同煮，待水再次煮沸后，转小火慢熬至粥黏稠，加入适量的盐调味，待盐溶化后，将粥倒入碗中，即可食用。

养生功效

　　此款粥中的海带和绿豆都具有调节血脂的功效，二者同时煮粥食用对动脉硬化、糖尿病等症有一定的预防作用。

玉米粥

材料

鲜玉米粒·····················50 克

大米·························50 克

盐·························适量

做法

1. 大米洗净，用清水浸泡1个小时；鲜玉米粒洗净，捞出控干。
2. 注水入锅，大火煮开，倒入大米和玉米粒同煮，边煮边搅拌。
3. 待水煮开后，转小火慢熬至粥黏稠，加入适量的盐调味，待盐溶化后，将粥倒入碗中，即可食用。

养生功效

　　鲜玉米中富含维生素 E、胡萝卜素、B 族维生素、膳食纤维等营养元素，对降低胆固醇、预防高血压都有一定帮助。

薏苡仁青豆黑豆豆浆

材料
薏苡仁……………………20 克
青豆………………………20 克
黑豆………………………60 克
白糖………………………适量

青豆：补肝养胃、滋补强壮

做法
1.黑豆洗净，用清水浸泡6~8个小时；薏苡仁洗净，用清水浸泡4个小时；青豆洗净，沥水，备用。
2.将以上食材全部倒入豆浆机中，加水至上、下水位线之间，按下"豆浆"键。
3.待豆浆机提示豆浆做好后，倒出过滤，再加入适量的白糖，即可饮用。

养生功效
　　此款豆浆含有多种维生素和矿物质，可起到预防高血压的作用，也可作为病中或病后体弱者的滋补饮品。

黄瓜胡萝卜粥

材料

黄瓜……………………15 克
胡萝卜…………………15 克
大米……………………90 克
盐………………………3 克
味精……………………适量

做法

1. 大米洗净，用水浸泡半个小时；黄瓜、胡萝卜洗净，切成小块。
2. 锅置火上，注入适量清水，放入大米，大火煮至米粒绽开，放入黄瓜块、胡萝卜块，改用小火煮至粥成，放入盐、味精调味即可。

养生功效

　　胡萝卜可辅助治疗消化不良、咳嗽、眼疾等症，还可降血糖；黄瓜有生津止渴、除烦解暑、消肿利尿的功效，常食此粥有降血压的功效。

丝瓜胡萝卜粥

材料

鲜丝瓜…………………30 克
胡萝卜…………………适量
大米……………………100 克
白糖……………………7 克

做法

1. 丝瓜去皮洗净，切片；胡萝卜洗净，切丁；大米洗净泡发。
2. 锅置火上，注入清水，放入大米，用大火煮至米粒绽开。
3. 放入丝瓜片、胡萝卜丁，用小火煮至粥成，放入白糖调味即可食用。

养生功效

　　丝瓜能除热利肠、祛风化痰、凉血解毒、通经络、活血脉；胡萝卜不仅能治疗消化不良、咳嗽、久痢等症，还能降血糖、降血压。

木耳粥

材料
黑木耳······················20 克
大米························100 克
白糖························5 克
葱花························适量

做法
1.大米洗净泡发；黑木耳洗净泡发，切丝。
2.锅置火上，注入清水，放入大米，用大火煮至米粒绽开。
3.放入黑木耳丝，改用小火煮至粥浓稠，加入白糖调味，撒上葱花即可。

养生功效
　　黑木耳可抑制血小板凝聚，降低血液中胆固醇的含量，对辅助治疗高血压、动脉血管硬化、心脑血管病等颇为有效。

土豆葱花粥

材料
土豆························30 克
大米························100 克
盐·························3 克
葱花························适量

做法
1.土豆去皮洗净，切小块；大米泡发洗净。
2.锅置火上，注水后，放入大米，用大火煮至米粒绽开。
3.放入土豆，用小火煮至粥成，放盐调味，撒上葱花即可。

养生功效
　　土豆有和胃、健脾、预防高血压、降低胆固醇等功效；葱有舒张血管、促进血液循环的作用，有助于预防高血压引起的头晕、阿尔茨海默病。此粥有预防高血压的功效。

木耳山楂米糊

材料

大米·······················80 克
山楂·······················20 克
黑木耳·····················20 克
白糖·······················适量

做法

1. 大米洗净，用清水浸泡2个小时；山楂、黑木耳分别泡发，木耳去蒂，撕碎。
2. 将以上食材全部倒入豆浆机中，加水至上、下水位线之间，按下"米糊"键。
3. 米糊煮好后，豆浆机会提示做好；将米糊倒入碗中，加入适量的白糖，即可食用。

养生功效

　　此款米糊中，山楂能活血化淤、降血脂；黑木耳则具有防止血液中的胆固醇凝结于血管壁上的作用。

葵花子黑豆豆浆

材料

葵花子·····················25 克
黑豆·······················70 克
白糖·······················适量

做法

1. 黑豆洗净，用清水浸泡6~8个小时；葵花子去壳，取仁，用温水浸泡半个小时。
2. 将以上食材全部倒入豆浆机中，加水至上、下水位线之间，按下"豆浆"键。
3. 待豆浆机提示豆浆做好后，倒出过滤，再加入适量的白糖，即可饮用。

养生功效

　　此款豆浆对高脂血症、动脉硬化、高血压等症都具有一定的防治作用。

薏苡仁柠檬豆浆

材料

薏苡仁……………………20 克
柠檬………………………半个
红豆………………………60 克
白糖………………………适量

做法

1. 红豆洗净，用清水浸泡6~8个小时；薏苡仁洗净，用清水浸泡4个小时；柠檬洗净，去皮去籽，切成小块。
2. 将以上食材倒入豆浆机中，加水至上、下水位线之间，按下"豆浆"键。
3. 待豆浆做好后，加入白糖，即可饮用。

养生功效

　　此款豆浆不仅具有降低胆固醇的功效，同时也可起到预防和减轻皮肤色素沉着的作用。

红枣桂圆黑米粥

材料

红枣………………………适量
干桂圆肉…………………适量
黑米………………………70 克
薏苡仁……………………30 克
白糖………………………适量

做法

1. 黑米、薏苡仁均洗净泡发；干桂圆肉洗净泡开；红枣洗净，去核，切片。
2. 锅置火上，倒入适量清水，放入黑米、薏苡仁煮开。
3. 加入桂圆肉、红枣同煮至粥浓稠，放入白糖拌匀，即可食用。

养生功效

　　红枣富含维生素 C，可有效降低血液中胆固醇的含量；薏苡仁含水溶性纤维素，可降低血液中的胆固醇含量，能有效预防高血压等。

小米黄豆粥

材料
小米······················70 克
黄豆······················50 克
盐··························适量

小米：补益虚损、和中益肾

做法
1.小米、黄豆分别洗净，小米用清水浸泡1个小时，黄豆用清水浸泡6~8个小时。
2.注水入锅，大火煮开，倒入黄豆煮至水滚沸后放入小米同煮，边煮边搅拌，待水再次煮开后，转小火继续慢熬至粥黏稠。
3.加入盐调味，待盐溶化后，将粥倒入碗中，即可食用。

养生功效
　　黄豆具有预防心血管疾病的作用，与小米同熬成粥使其滋补强身的功效加强。此款粥尤其适合身体虚弱者食用。

香菇玉米粥

材料
香菇·······················4 朵
鲜玉米粒·················50 克
大米·······················70 克
盐·························适量

做法
1. 大米洗净，用水浸泡1个小时；香菇用温水泡发，去蒂，切片；鲜玉米粒洗净，沥干水分，备用。
2. 注水入锅，大火煮开，将以上所有食材一同下锅煮，边煮边搅拌。
3. 待水煮开后，转小火慢熬至粥黏稠，加入适量的盐调味，待盐全部溶化后，将粥倒入碗中，即可食用。

养生功效
香菇可维持人体糖的正常代谢；鲜玉米具有降血糖、清血脂、预防动脉硬化的功效。

枸杞子南瓜粥

材料
南瓜·······················20 克
大米·······················100 克
枸杞子·····················15 克
白糖·······················5 克

做法
1. 大米洗净泡发；南瓜洗净，去皮去瓤，切块；枸杞子洗净。
2. 锅置火上，注入清水，放入大米，用大火煮至米粒绽开。
3. 放入枸杞子、南瓜，用小火煮至粥成，放入白糖调味，即可食用。

养生功效
此款粥可降血糖、降血脂，高脂血症、糖尿病、高血压等患者都可以经常食用，还能预防心脑血管疾病。

陈皮杏仁豆浆

材料
陈皮……………………15 克
杏仁……………………30 克
黄豆……………………50 克
白糖……………………适量

做法
1. 黄豆洗净，用清水浸泡6~8个小时；杏仁用温水泡开；陈皮用温水泡开，切碎。
2. 将以上食材全部倒入豆浆机中，加水至上、下水位线之间，按下"豆浆"键。
3. 待豆浆机提示豆浆做好后，倒出过滤，再加入适量的白糖，即可饮用。

养生功效
　　陈皮性温，味苦，具有理气健脾、调中除燥的功效。此款豆浆可预防普通感冒和流行性感冒。

葱白生姜糯米米糊

材料
糯米……………………100 克
葱白……………………30 克
生姜……………………1 小块
醋………………………适量

做法
1. 糯米洗净，用清水浸泡4~6个小时；葱白加水煎煮半个小时，取汁；生姜洗净，去皮，切丝，备用。
2. 将以上食材全部倒入豆浆机中，加水至上、下水位线之间，按下"米糊"键。
3. 米糊煮好后，豆浆机会提示做好；将米糊倒入碗中，加入适量的醋，即可食用。

养生功效
　　葱白性温，味辛，与生姜搭配食用具有发汗散寒的功效，同时也可辅助治疗感冒。

PART 3
因人补益篇

　　因人补益，即不同身体素质的人，进补的食物应有所区别。古曰："五谷为养，五果为助，五畜为益，五菜为充，气味合而服之，以补精益气。"对多数人而言，只要粮谷、蔬菜、畜肉、鱼虾、果品等食物都有摄取，相互搭配，遵循因人制宜的原则食用，即可发挥出它们对人体补精益气的作用。

蛋黄豌豆米糊

材料

大米·······························70 克
豌豆·······························20 克
鸡蛋·······························1 个
盐·································适量

做法

1. 大米洗净，用清水浸泡2个小时；豌豆洗净，入沸水焯1～2分钟，捞出沥干水分，备用；鸡蛋破壳，取出蛋黄捣烂。
2. 将以上食材全部倒入豆浆机中，加水至上、下水位线之间，按下"米糊"键。
3. 米糊煮好后，豆浆机会提示做好；将米糊倒入碗中，加入适量的盐，即可食用。

养生功效

　　此款米糊含有丰富的蛋白质、维生素 C 等营养元素，尤其适宜 6 个月以上开始长乳牙的婴儿食用。

小米山药粥

材料

小米·······························70 克
山药·······························50 克
白糖·······························适量

做法

1. 小米洗净，用清水浸泡1个小时；山药去皮，洗净，切成小块。
2. 注水入锅，大火煮开后，倒入小米和山药块同煮，边煮边搅拌。
3. 待水煮开后，转小火继续慢熬至粥黏稠，加入适量的白糖，待白糖溶化后，将粥倒入碗中，即可食用。

养生功效

　　此款粥可缓解小儿脾胃虚弱、消化不良、不思饮食、腹胀腹泻等症，适宜空腹食用。

大米黑芝麻糊

材料

大米……………………80 克
黑芝麻…………………20 克
白糖……………………适量

黑芝麻：补肝肾、润五脏

做法

1. 大米洗净，用清水浸泡2个小时；黑芝麻洗净后，沥干水分，备用。

2. 将以上食材全部倒入豆浆机中，加水至上、下水位线之间，按下"米糊"键。

3. 米糊煮好后，豆浆机会提示做好；取出米糊，可按照个人喜好加入适量的白糖。

养生功效

　　大米具有生津养胃的功效；黑芝麻可以补肝肾、益精血；经常食用此款米糊对乌发美发有益处。

大米米糊

材料

大米……………………100 克
白糖……………………适量
盐………………………适量

做法

1.大米淘洗干净，用清水浸泡2个小时。

2.将淘洗好的大米倒入豆浆机中，加水至上、下水位线之间，按下"米糊"键。

3.米糊煮好后，豆浆机会提示做好；取出米糊，可按照个人喜好加入白糖或盐调味。

养生功效

　　大米性平，味甘，具有生津止渴、补中益气、调和五脏、通血脉的功效，用大米煮成的米糊，口感绵软而不黏腻，适宜幼儿及年老者食用。

大米： 补中益气、健脾养胃

小麦胚芽糙米米糊

材料

糙米·························80 克
小麦胚芽·················20 克
盐·······················适量

做法

1. 糙米洗净，用清水浸泡4个小时；小麦胚芽洗净，用清水浸泡2个小时。
2. 将以上食材全部倒入豆浆机中，加水至上、下水位线之间，按下"米糊"键。
3. 煮好后，豆浆机会提示做好；将米糊倒入碗中，加入适量的盐，即可食用。

养生功效

　　糙米属于粗加工类谷物，中医认为糙米味甘，性温，具有健脾养胃、补中益气、调和五脏、镇静神经、促进消化吸收的功效。糙米和小麦胚芽一起打成米糊食用，可以预防糖尿病多种慢性并发症。

荞麦红枣豆浆

材料

荞麦·························30 克
红枣·························10 颗
黄豆·························50 克
白糖·······················适量

做法

1. 黄豆洗净，用清水浸泡8个小时；荞麦洗净，用清水浸泡4个小时；红枣用温水泡开，去核备用。
2. 将以上食材全部倒入豆浆机中，加水至上、下水位线之间，按下"豆浆"键。
3. 待豆浆机提示豆浆做好后，倒出过滤，再加入适量的白糖，即可饮用。

养生功效

　　荞麦含有丰富的蛋白质、钙、磷等营养元素，以及丰富的膳食纤维，此款豆浆适宜正值骨骼发育期的青少年饮用。

花生核桃奶糊

材料

大米……………………50 克

花生仁…………………20 克

核桃仁…………………20 克

牛奶……………………200 毫升

白糖……………………适量

核桃仁：滋补肝肾、补气养血

做法

1. 大米洗净，用清水浸泡2个小时；花生仁、核桃仁洗净，用温水泡开。

2. 将以上食材和牛奶全部倒入豆浆机中，加水至上、下水位线之间，按下"米糊"键。

3. 米糊煮好后，豆浆机会提示做好；将米糊倒入碗中，加入适量的白糖，即可食用。

养生功效

　　花生仁、核桃仁、牛奶都具有健脑强身、补充体力的功效，此款米糊非常适宜正在成长期的儿童或经常用脑的青少年食用。

香菇荞麦粥

材料

香菇⋯⋯⋯⋯⋯⋯⋯⋯⋯2 朵
荞麦⋯⋯⋯⋯⋯⋯⋯⋯⋯50 克
红米⋯⋯⋯⋯⋯⋯⋯⋯⋯80 克
葱花⋯⋯⋯⋯⋯⋯⋯⋯⋯适量
香油⋯⋯⋯⋯⋯⋯⋯⋯⋯适量
盐⋯⋯⋯⋯⋯⋯⋯⋯⋯⋯适量

荞麦： 健胃消积、降气宽肠

做法

1. 荞麦、红米分别洗净，用清水浸泡4个小时；香菇泡发，去蒂，切片。
2. 注水入锅，大火煮开，倒入荞麦、红米、香菇同煮，边煮边搅拌。
3. 待水煮开后，转小火慢熬至粥稠，加入适量的葱花、香油、盐调味，继续熬煮5分钟，盛出，即可食用。

养生功效

　　此款粥中的香菇具有补肝肾、健脾胃、益智安神的功效；荞麦具有促进骨骼发育的功效。

南瓜牛奶豆浆

材料

南瓜·····················40 克

黄豆·····················40 克

牛奶·····················200 毫升

白糖·····················适量

做法

1. 黄豆洗净，用清水浸泡6～8个小时；南瓜洗净，去皮去瓤，切成小块。
2. 将以上食材加上牛奶一起倒入豆浆机中，加水至上、下水位线之间，按下"豆浆"键。
3. 待豆浆机提示豆浆做好后，倒出过滤，再加入适量的白糖，即可饮用。

养生功效

　　此款豆浆含有丰富的钙质、维生素 A、维生素 E 等营养元素，具有改善贫血及增强体质的功效。

草莓牛奶燕麦粥

材料

生燕麦片·····················100 克

牛奶·····················200 毫升

草莓果酱·····················30 克

白糖·····················适量

做法

1. 生燕麦片洗净，用清水浸泡半个小时。
2. 在锅内加入少量的清水，大火煮开后，倒入生燕麦片煮至水滚沸。
3. 加入牛奶转小火慢熬20分钟，加入草莓果酱，待果酱全部溶化后，可按照个人口味添加适量的白糖，倒入碗中，即可食用。

养生功效

　　此款粥含有大量的胡萝卜素、钙、铁等营养元素，有养肝明目、提高抵抗力的功效。

牛奶黑米米糊

材料

黑米·····················100 克

牛奶·····················200 毫升

白糖·····················适量

牛奶：补虚益肺、生津润肠

做法

1.黑米洗净，用清水浸泡 4 个小时。

2.将浸泡好的黑米和牛奶一起倒入豆浆机中，加水至上、下水位线之间，按下"米糊"键即可。

3.米糊煮好后，豆浆机会提示做好；将米糊倒入碗中，加入适量的白糖，即可食用。

养生功效

　　此款米糊含有丰富的 B 族维生素，还具有提高抵抗力、补肾强肾的功效，有助于缓解老年人腰膝酸软等症。

板栗米糊

材料

糯米······················70 克
板栗······················50 克
白糖······················适量

做法

1. 糯米洗净，用清水浸泡4个小时；板栗去壳，取肉，切成小碎块。
2. 将以上食材全部倒入豆浆机中，加水至上、下水位线之间，按下"米糊"键。
3. 米糊煮好后，豆浆机会提示做好；将米糊倒入碗中，加入适量的白糖，即可食用。

养生功效

此款米糊具有滋补脾肾、强筋壮骨、延缓衰老的功效，但需要注意的是板栗糖分较高，所以糖尿病患者最好少食用。

黑豆大米豆浆

材料

黑豆······················30 克
大米······················30 克
黄豆······················40 克
白糖······················适量

做法

1. 黄豆、黑豆分别洗净，用清水浸泡6~8个小时；大米洗净，用清水浸泡2个小时。
2. 将以上食材全部倒入豆浆机中，加水至上、下水位线之间，按下"豆浆"键。
3. 待豆浆机提示豆浆做好后，倒出过滤，再加入适量的白糖，即可饮用。

养生功效

此款豆浆具有强身健体、益气养阴、延缓衰老的功效，尤其适宜体虚、脾虚水肿者饮用。

芝麻豆浆

材料

黑芝麻……………………30 克
黄豆………………………70 克
白糖………………………适量

黄豆：润燥消水、健脾宽中

做法

1. 黄豆洗净，用清水浸泡6~8个小时；黑芝麻洗净，沥干水分，备用。
2. 将以上食材全部倒入豆浆机中，加水至上、下水位线之间，按下"豆浆"键。
3. 待豆浆机提示豆浆做好后，倒出过滤，再加入适量的白糖，即可饮用。

养生功效

此款豆浆中的黑芝麻性平，味甘，具有补肝肾、益精血、润肠燥的功效。黑芝麻和黄豆都具有补虚劳的功效，此款豆浆适宜病后、产后、过劳等导致的体虚者饮用。

山药黑米粥

材料
山药·····················50 克
黑米·····················100 克
黑豆·····················20 克
核桃仁···················10 克
盐·······················适量

做法
1.黑米洗净，用清水浸泡 4 个小时；黑豆洗净，用清水浸泡 6 ~ 8 个小时；山药去皮，洗净，切成块；核桃仁用温水泡开，切碎。
2.注清水入锅，大火煮开，倒入黑米、黑豆同煮至熟，加入核桃仁碎、山药块，煮至粥稠，加入适量盐调味。

养生功效
　　此款粥特地加入了黑豆、核桃仁，不仅具有健脾和胃的功效，而且还可延缓衰老，以及补充人体所需的蛋白质、锰等多种营养元素。

黑芝麻粥

材料
黑芝麻···················50 克
大米·····················100 克
白糖·····················适量

做法
1.大米洗净，用清水浸泡1个小时；黑芝麻洗净，入搅拌机打碎。
2.注水入锅，大火煮开，倒入大米煮至水滚沸后，转小火继续慢熬半个小时。
3.加入打碎的黑芝麻同煮至米烂粥稠，加入适量的白糖搅拌，待白糖溶化后，倒入碗中，即可食用。

养生功效
　　此款粥有补血、明目、开胃健脾、延缓衰老的功效，经常食用此粥对五脏、皮肤、毛发都有补益。

核桃豆浆

材料

核桃仁··················30 克
黄豆····················70 克
白糖····················适量

核桃仁: 滋补肝肾、补气养血

做法

1. 黄豆洗净,用清水浸泡6~8个小时;核桃仁用温水泡开。
2. 将浸泡好的黄豆和核桃仁倒入豆浆机中,加水至上、下水位线之间,按下"豆浆"键。
3. 待豆浆机提示豆浆做好后,倒出过滤,再加入适量的白糖,即可饮用。

养生功效

　　此款豆浆具有补脑健脑、益智强精的功效,经常饮用可起到延年益寿、活血乌发、美容护肤的作用。

山药韭菜枸杞子米糊

材料

大米……………………100 克

山药……………………40 克

韭菜……………………30 克

枸杞子…………………10 克

盐………………………适量

山药： 健脾胃、补虚赢

做法

1.大米洗净，用清水浸泡2个小时；山药洗净，去皮切块；韭菜去黄叶，洗净，切碎；枸杞子用温水泡开。

2.将以上食材全部倒入豆浆机中，加水至上、下水位线之间，按下"米糊"键。

3.待豆浆机提示米糊煮好后，加入盐调味，即可食用。

养生功效

　　韭菜性温，味甘，具有健胃、提神、温暖、消炎止血、止痛的功效。此款米糊有益精壮阳的功效，适宜肾阳不足的男性食用。

桂圆山药豆浆

材料

干桂圆肉·····················10 克
山药························40 克
黄豆························50 克
白糖·······················适量

做法

1.黄豆洗净，用清水浸泡6~8个小时；干桂圆肉用温水泡开；山药去皮，洗净，切小块。
2.将以上食材全部倒入豆浆机中，加水至上、下水位线之间，按下"豆浆"键。
3.待豆浆机提示豆浆做好后，倒出过滤，再加入适量的白糖，即可饮用。

养生功效

　　此款豆浆具有滋补强体、益肾补虚、养血固精的功效，尤其适合男性饮用。

糙米花生杏仁米糊

材料

糙米························50 克
杏仁························10 克
花生仁······················15 克
白糖·······················适量

做法

1.糙米洗净，用清水浸泡2个小时；杏仁、花生仁去衣，再用温水泡开。
2.将以上食材全部倒入豆浆机中，加水至上、下水位线之间，按下"米糊"键。
3.待豆浆机提示米糊煮好后，加入适量白糖，即可食用。

养生功效

　　糙米含有丰富的 B 族维生素和维生素 E；杏仁具有美白润肤的功效；花生仁具有补血活血的功效。食用三者制成的米糊，可起到补血润肤的作用。

韭菜羊肉粥

材料

韭菜······················60克
羊肉······················50克
大米······················60克
生姜····················1小块
料酒······················适量
盐··························适量

韭菜：止汗固涩、补肾助阳

做法

1. 大米洗净，浸泡1个小时；韭菜洗净，切段；羊肉洗净，切成细丁；生姜洗净，去皮，部分切末，其余切成块；将羊肉用料酒、生姜末、盐腌制。

2. 注水入锅，大火煮开，倒入大米煮至水滚沸后转小火熬成稀粥。

3. 加入羊肉丁同煮，待羊肉七成熟时，倒入韭菜段、生姜块同煮至粥成，加入适量盐调味，续煮5分钟后，倒入碗中，即可食用。

养生功效

　　此款粥具有温补肾阳的功效，适宜冬季时食用，但易上火者需少食。

青菜虾仁粥

材料

青菜·····················50 克
虾仁·····················30 克
大米·····················100 克
鸡汤·····················适量
盐·······················适量

做法

1. 大米洗净，用清水浸泡1个小时；青菜洗净，入沸水焯一下，切小段；虾仁去虾线，洗净，入沸水焯一下，沥干水分，备用。
2. 在锅内注入适量的鸡汤和清水，大火烧开后将大米倒入锅中，边煮边搅拌。
3. 煮开后，转小火继续煮至黏稠状，倒入虾仁、青菜同煮片刻，再加入盐，即可食用。

养生功效

　　虾中含有丰富的镁，能保护心血管系统，减少血液中的胆固醇含量，防止动脉硬化。

皮蛋瘦肉粥

材料

皮蛋·····················1 个
猪瘦肉···················50 克
大米·····················100 克
葱花·····················适量
胡椒粉···················适量
盐·······················适量

做法

1. 大米淘净；皮蛋去壳，洗净后切成丁；猪瘦肉洗净，入沸水煮熟后，撕成细肉丝。
2. 锅置火上，入水大火煮开，将全部食材一同倒入锅中煮至水沸，转小火熬至粥成，加入盐、胡椒粉搅拌均匀后，撒上葱花即可。

养生功效

　　此款粥具有增进食欲、滋阴养血、除烦热、止泻、降血压的功效。

干贝海带粥

材料
干贝…………………………30 克
海带…………………………60 克
胡萝卜………………………30 克
大米…………………………100 克
葱花…………………………适量
生姜末………………………适量
盐……………………………适量

干贝：滋阴养血、补肾调中

做法
1. 大米洗净，用清水浸泡1个小时；海带洗净，切段；干贝洗净，用温水浸泡2个小时后，切成碎末；胡萝卜洗净，切片。
2. 锅中注入水，大火煮开后倒入大米，边煮边搅拌，待水煮开后，转小火慢慢熬煮。
3. 待粥煮至八成熟时，倒入干贝碎、海带段、胡萝卜片、生姜末同煮，至粥成时加入适量的盐，撒上葱花即可食用。

养生功效
　　干贝性平，味甘、咸，具有滋阴补肾的功效；海带、胡萝卜含有多种维生素，三者合熬而成的粥具有强化身体免疫系统的功效。

山药粥

材料

大米·······················100 克
山药·······················60 克
盐··························适量

山药：补脾养胃、生津益肺

做法

1. 大米洗净，用清水浸泡1个小时；山药削皮，洗净，切成小块。
2. 在锅内注入适量的凉水，大火煮开后将大米和山药一同倒入锅中，边煮边搅拌。
3. 待水煮开后，转小火继续慢熬半个小时，倒入碗中，加入适量的盐，搅拌均匀后，即可食用。

养生功效

　　此款粥具有调养脾胃、润肤美容的功效，有助于保持血管弹性，预防心血管疾病。

西红柿豆腐米糊

材料

小米·····················70 克

豆腐·····················40 克

西红柿·····················1 个

盐·····················适量

豆腐：清热润燥、生津止渴

做法

1.小米洗净，用清水浸泡2个小时；豆腐切丁，入沸水焯2分钟；西红柿洗净，去皮，切块备用。

2.将以上食材全部倒入豆浆机中，加水至上、下水位线之间，按下"米糊"键。

3.豆浆机提示米糊煮好后，盛出加入适量白糖，即可食用。

养生功效

　　此款米糊适合孕妇食用，可以起到促进宝宝发育的作用，同时也可以改善孕妇的食欲。

黑豆银耳百合豆浆

材料

黑豆·····················20 克
银耳·····················1 朵
百合·····················20 克
黄豆·····················50 克
白糖·····················适量

做法

1. 黄豆、黑豆分别洗净，用清水浸泡6~8个小时；百合、银耳用温水泡开，银耳撕碎。
2. 将以上食材全部倒入豆浆机中，加水至上、下水位线之间，按下"豆浆"键。
3. 待豆浆机提示豆浆做好后，倒出过滤，再加入适量的白糖，即可饮用。

养生功效

此款豆浆有滋阴润肺、清心宁神的功效，同时还能缓解孕妇焦虑性失眠及妊娠反应。

玉米红豆豆浆

材料

鲜玉米粒·····················60 克
红豆·····················30 克
黄豆·····················30 克
白糖·····················适量

做法

1. 黄豆、红豆分别洗净，用清水浸泡6~8个小时；鲜玉米粒洗净。
2. 将以上食材全部倒入豆浆机中，加水至上、下水位线之间，按下"豆浆"键。
3. 待豆浆机提示豆浆做好后，倒出过滤，再加入适量的白糖，即可饮用。

养生功效

此款豆浆具有利尿消肿、调中健胃的功效，同时还可缓解孕期水肿、食欲低下等症。

大米粥

材料

大米·····················200 克
盐或白糖·················适量

白糖：润肺生津、补中缓急

做法

1. 大米洗净，用清水浸泡1个小时。
2. 在锅内注入适量的凉水，大火煮开后将洗净的大米倒入锅中，边煮边搅拌。
3. 待水煮至翻滚后，转小火继续慢熬半个小时，倒入碗中，按照个人口味加入适量的盐或白糖搅拌均匀后，即可食用。

养生功效

　　此款粥具有调和脾胃、润肺清热的功效，经常食用可滋养五脏、美容肌肤。

燕麦粥

材料

燕麦·······················200 克
盐或白糖·················适量

做法

1. 燕麦洗净，用清水浸泡1个小时。
2. 在锅内注入凉水，大火煮开后将洗好的燕麦倒入锅中。
3. 待燕麦煮至翻滚后，转小火继续慢熬半个小时，倒入碗中，加入适量的盐或白糖，搅拌均匀，即可食用。

养生功效

　　此款粥具有润肠通便的功效，经常食用可清除肠道毒素。

小米粥

材料

小米·······················200 克
盐或红糖·················适量

做法

1. 小米洗净，用清水浸泡1个小时。
2. 在锅内注入适量的凉水，大火煮开后将洗好的小米倒入锅中，边煮边搅拌。
3. 待小米煮至翻滚后，转小火继续慢熬半个小时，倒入碗中，按照个人口味加入适量的盐或红糖，搅拌均匀后，即可食用。

养生功效

　　此款粥具有滋阴养血、宁心安神的功效，加入适量红糖可起到养血的功效；若加入白糖则可起到安神益智的功效。

莲藕雪梨豆浆

材料

莲藕……………………30克
雪梨……………………1个
黄豆……………………50克
白糖……………………适量

雪梨： 滋阴润肺、化痰止咳

做法

1. 黄豆洗净，用清水浸泡6～8个小时；莲藕洗净，去皮，切小块；雪梨洗净，去皮，去核，切成小块。
2. 将以上食材全部倒入豆浆机中，加水至上、下水位线之间，按下"豆浆"键。
3. 待豆浆机提示豆浆做好后，倒出过滤，再加入适量的白糖，即可饮用。

养生功效

　　此款豆浆具有养血止血、乌发明目、延年益寿、养阴清热的功效。

高粱粥

材料

高粱·····················200 克
盐或冰糖·················适量

做法

1. 高粱洗净，用清水浸泡2个小时。
2. 在锅内注入适量的凉水，大火煮开后将淘洗好的高粱倒入锅中，边煮边搅拌。
3. 待水煮至翻滚后，转小火继续慢熬半个小时，倒入碗中，按照个人口味加入适量的盐或冰糖搅拌均匀，即可食用。

养生功效

此款粥具有健脾和胃、生津止渴、收敛止泻的功效，尤其适合脾胃虚弱、消化不良、慢性腹泻等患者食用。

莲藕米糊

材料

莲藕·····················80 克
糯米·····················100 克
红糖·····················适量

做法

1. 莲藕洗净，去皮，切丁；糯米洗净，用清水浸泡4个小时。
2. 将以上食材全部倒入豆浆机中，加水至上、下水位线之间，按下"米糊"键。
3. 米糊煮好后，豆浆机会提示完成；将米糊倒入碗中，加入适量的红糖，即可食用。

养生功效

莲藕与糯米同打成米糊食用，可起到促进产后淤血排出的作用，但产后大出血者慎食或不食。

红豆紫米豆浆

材料

红豆·····················30 克
紫米·····················30 克
黄豆·····················40 克
白糖·····················适量

紫米: 补血益气、暖脾养胃

做法

1. 黄豆、红豆分别洗净，用清水浸泡6～8个小时；紫米洗净，用清水浸泡4个小时。
2. 将以上食材全部倒入豆浆机中，加水至上、下水位线之间，按下"豆浆"键。
3. 待豆浆机提示豆浆做好后，倒出过滤，再加入适量的白糖，即可饮用。

养生功效

红豆、紫米都是补肾补血的佳品，女性产后饮用此款豆浆能起到补气活血、恢复体力的作用。

猪蹄黄豆粥

材料

猪蹄……………………1只
黑芝麻…………………30克
黄豆……………………20克
大米、盐各适量

做法

1.大米、黄豆分别洗净，大米浸泡1个小时，黄豆浸泡4个小时；黑芝麻洗净，沥干水分；猪蹄洗净，剁块，入沸水焯去血污。

2.锅内注入适量的清水，放入猪蹄，大火煮3个小时后，加入黄豆、大米、黑芝麻同煮。

3.待水煮至滚沸，转小火慢熬至粥黏稠，加入适量的盐调味，继续熬煮5分钟，将粥倒入碗中，即可食用。

养生功效

　　此款粥具有滋阴养血、促进乳汁分泌、滋补美容的功效。

葱白乌鸡糯米粥

材料

乌鸡腿…………………1只
糯米……………………200克
葱白……………………30克
盐………………………适量

做法

1.糯米洗净，用清水浸泡4个小时；乌鸡腿剁成块，放入沸水中焯去血污；葱白去头和须，切成小段。

2.在锅内注入适量凉水，放入乌鸡块，大火煮开，转小火煮20分钟后加入糯米同煮。

3.待水煮开后，转小火慢熬至粥黏稠，加入葱白，放入盐，稍煮片刻，将粥倒入碗中，即可食用。

养生功效

　　此款粥具有补气养血、安胎止痛的功效，对血虚导致的胎动有一定的缓解作用。

花生豆浆

材料
花生仁······················50 克
黄豆·····················50 克
白糖·····················适量

花生仁： 健脾利胃、补血止血

做法
1.黄豆洗净，用清水浸泡6～8个小时；花生仁洗净，用温水泡开。
2.将浸泡好的黄豆和花生仁倒入豆浆机中，加水至上、下水位线之间，按下"豆浆"键。
3.待豆浆机提示豆浆做好后，倒出过滤，再加入适量的白糖，即可饮用。

养生功效
　　黄豆性平，味甘，具有健脾宽中、润燥消肿、清热解毒、益气的功效。此款豆浆不仅含有丰富的蛋白质，而且还具有降血脂的功效，经常饮用能预防脂肪肝。

小米米糊

材料

小米······················60 克
大米······················20 克
白糖······················适量

小米：补益虚损、和中益肾

做法

1. 小米、大米分别洗净，用适量清水浸泡2个小时。
2. 将以上食材全部倒入豆浆机中，加水至上、下水位线之间，按下"米糊"键。
3. 米糊煮好后，豆浆机会提示做好；将米糊倒入碗中，加入适量的白糖，即可食用。

养生功效

　　此款米糊是以小米为主的，具有安神益肾、清热解毒的作用，适宜气血不足、失眠健忘者食用。

红豆浆

材料

红豆·······················80 克

白糖·······················适量

做法

1.红豆洗净，用清水浸泡6～8个小时。

2.将浸泡好的红豆倒入豆浆机中，加水至上、下水位线之间，按下"豆浆"键。

3.待豆浆机提示豆浆做好后，倒出过滤，再加入适量的白糖，即可饮用。

养生功效

　　此款豆浆具有利水消肿、清热解毒的功效，适宜水肿型肥胖者饮用。

黑米黄豆米糊

材料

黑米·······················50 克

黄豆·······················60 克

白糖·······················适量

做法

1.黑米洗净，用清水浸泡4个小时；黄豆洗净，用清水浸泡6～8个小时。

2.将以上食材全部倒入豆浆机中，加水至上、下水位线之间，按下"米糊"键。

3.米糊煮好后，豆浆机会提示完成；将米糊倒入碗中，加入适量的白糖，即可食用。

养生功效

　　黑米有滋阴补肾、延缓衰老的功效；黄豆可双向调节雌激素，二者同打为米糊食用可起到延缓女性更年期的作用。

桂圆大米米糊

材料

大米……………………70 克
桂圆肉…………………40 克
白糖……………………适量

桂圆肉：养血安神、补气助阳

做法

1. 大米洗净，用清水浸泡2个小时；桂圆肉用温水泡开。
2. 将以上食材全部倒入豆浆机中，加水至上、下水位线之间，按下"米糊"键。
3. 米糊煮好后，豆浆机会提示完成；将米糊倒入碗中，加入适量的白糖，即可食用。

养生功效

　　此款米糊具有补脾健胃、安养心神、活血补血的功效，适合更年期失眠女性食用。

糯米桂圆豆浆

材料

糯米⋯⋯⋯⋯⋯⋯⋯⋯30克
桂圆肉⋯⋯⋯⋯⋯⋯⋯20克
黄豆⋯⋯⋯⋯⋯⋯⋯⋯50克
红糖⋯⋯⋯⋯⋯⋯⋯⋯适量

做法

1.黄豆洗净，浸泡6~8个小时；糯米洗净，用清水浸泡4个小时；桂圆肉用温水泡开。
2.将以上食材全部倒入豆浆机中，加水至上、下水位线之间，按下"豆浆"键。
3.待豆浆机提示豆浆做好后，倒出过滤，加入适量的红糖，即可饮用。

养生功效

桂圆性平，味甘，具有泻火解毒的功效；糯米、桂圆都是补血补气的佳品，此款豆浆尤其适宜体质偏寒、血虚的更年期女性饮用。

紫米米糊

材料

紫米⋯⋯⋯⋯⋯⋯⋯⋯30克
大米⋯⋯⋯⋯⋯⋯⋯⋯30克
红枣⋯⋯⋯⋯⋯⋯⋯⋯5颗

做法

1.紫米、大米分别洗净，用清水浸泡2个小时；红枣洗净、去核，再用温水泡开。
2.将以上食材全部倒入豆浆机中，加水至上、下水位线之间，按下"米糊"键。
3.米糊煮好后，豆浆机会提示做好；将米糊倒入碗中，即可食用。

养生功效

紫米和大米都具有滋阴补血的功效，且紫米营养在一般大米之上，除可滋阴补血外，还能美容养肾。

合欢花粥

材料
合欢花··················20 克
大米··················100 克
白糖··················适量

合欢花：解郁安神、滋阴补阳

做法
1. 大米洗净，用清水浸泡1个小时；合欢花用温水泡开。
2. 注清水入锅，大火煮开，放入大米熬煮，边煮边搅拌。
3. 待水煮至滚沸后，加入合欢花转小火慢熬至米烂粥稠，加入适量的白糖调味，待白糖溶化后，将粥倒入碗中，即可食用。

养生功效
　　合欢花具有解郁安神、滋阴补阳、理气开胃、活络止痛的功效，适用于忧郁失眠者。此款粥除了能安神解郁外，对眼疾、神经衰弱等症也有一定的辅助治疗作用。

芝麻燕麦豆浆

材料

黑芝麻……………………20 克

生燕麦片…………………40 克

黄豆………………………40 克

白糖………………………适量

燕麦片： 益肝和胃、养颜护肤

做法

1.黄豆洗净，用清水浸泡6～8个小时；生燕麦片洗净，用清水浸泡半个小时；黑芝麻洗净，备用。

2.将以上食材全部倒入豆浆机中，加水至上、下水位线之间，按下"豆浆"键。

3.待豆浆机提示豆浆做好后，倒出过滤，再加入适量的白糖，即可饮用。

养生功效

燕麦性平，味甘，具有益肝和胃的功效。此款豆浆适合孕妇饮用，可起到促进胎儿发育的作用，但需要注意的是，一次不宜饮用过多，否则易产生胀气。

PART 4

增强体质篇

研究表明，有氧运动加食疗是增强自身体质的有效方法，营养不均衡或缺乏锻炼都会造成抵抗力下降。现代人生活节奏快、饮食不规律、应酬多，因此增强自身抵抗力就要在饮食上多费心思，肉、蛋、新鲜蔬菜、水果要多样化食用，少吃各种油炸、熏烤、过甜的食物。

果香黄豆米糊

材料

大米……………………50 克
黄豆……………………30 克
橙子……………………1 个
苹果……………………1 个
白糖……………………适量

橙子: 保护血管、降低血脂

做法

1. 大米洗净,用清水浸泡2个小时;黄豆洗净,用清水浸泡6个小时;橙子去皮,掰成小瓣;苹果洗净,去皮,去核,切成小块。

2. 将以上食材全部倒入豆浆机中,加水至上、下水位线之间,按下"米糊"键。

3. 米糊煮好后,豆浆机会提示做好;将米糊倒入碗中,再加入适量的白糖,即可食用。

养生功效

黄豆具有健脾宽中、润燥消水、清热解毒、益气的功效;橙子性凉,味甘、酸,具有生津止渴的功效。此款米糊富含维生素 C 等营养成分,有助于恢复体力。

腰果花生豆浆

材料

腰果……………………20 克
花生仁…………………20 克
杏仁……………………10 克
黄豆……………………60 克
白糖……………………适量

做法

1. 黄豆洗净，用清水浸泡6~8个小时；腰果、花生仁、杏仁分别用温水泡开。
2. 将以上食材全部倒入豆浆机中，加水至上、下水位线之间，按下"豆浆"键。
3. 待豆浆做好后，倒出过滤，再加入适量的白糖，即可饮用。

养生功效

　　此款豆浆添加了花生仁、腰果、杏仁，能补充蛋白质、维生素 E、B 族维生素等营养元素，同时也可起到缓解疲劳的作用。

牛奶粥

材料

牛奶……………………200 毫升
大米……………………100 克
白糖……………………适量

做法

1. 大米洗净，用清水浸泡1个小时。
2. 在锅内注入适量的凉水，大火煮开后将浸泡好的大米倒入锅中，边煮边搅拌。
3. 水煮开后，加入牛奶转小火继续慢慢熬煮，煮至米粒绽开，加入适量的白糖，搅拌均匀后，倒入碗中，即可食用。

养生功效

　　此款粥奶香浓郁，具有宁心安神、调节睡眠的功效，从而能缓解疲劳。

海带豆香米糊

材料

大米………………………50克
海带………………………15克
黄豆………………………20克
葱花………………………适量
盐…………………………适量

黄豆：宽中下气、补脾益气

做法

1.黄豆洗净，用水浸泡6～8个小时；大米洗净，用水浸泡2个小时；海带泡发洗净，切成小段。

2.将以上食材全部倒入豆浆机中，加水至上、下水位线之间，按下"米糊"键。

3.米糊煮好后，豆浆机会提示做好；将米糊倒入碗中，加入适量的盐，撒上葱花，即可食用。

养生功效

此款米糊有助于抵抗辐射，对高血压、高脂血症、重症中暑等症也有一定的预防作用。

芝麻海带米糊

材料

大米…………………………50 克

海带…………………………20 克

黑芝麻………………………20 克

盐……………………………适量

黑芝麻：补肝肾、润五脏

做法

1. 大米洗净，用水浸泡2个小时；海带泡发洗净，切成小段；黑芝麻用清水洗净，沥干水分，备用。

2. 将以上食材全部倒入豆浆机中，加水至上、下水位线之间，按下"米糊"键。

3. 米糊煮好后，豆浆机会提示完成；将米糊倒入碗中，加入适量的盐，即可食用。

养生功效

　　此款米糊中，黑芝麻含有的硒元素有助于防辐射，而海带具有消痰软坚、泻热利水、止咳平喘、祛脂降压、散结抗癌的功效，还可促进放射性物质排出。

绿豆海带豆浆

材料

绿豆	30 克
海带	15 克
黄豆	50 克
盐	适量

做法

1. 黄豆、绿豆分别洗净，用清水浸泡6~8个小时；海带泡发洗净，切碎。
2. 将以上食材全部倒入豆浆机中，加水至上、下水位线之间，按下"豆浆"键。
3. 待豆浆煮好后，豆浆机会提示完成，倒出过滤，加入适量的盐，即可饮用。

养生功效

　　此款豆浆不仅可以提高机体抵抗辐射的能力，还可以缓解因外界辐射给身体带来的各种不适感。

大米糙米米糊

材料

大米	40 克
糙米	40 克
黑芝麻	10 克
红枣	5 颗
白糖	适量

做法

1. 大米、糙米分别洗净，用清水浸泡2个小时；黑芝麻用清水洗净，沥干水分；红枣用温水泡开，洗净，去核。
2. 将食材全部倒入豆浆机中，加水至上、下水位线之间，按下"米糊"键。
3. 米糊煮好后，豆浆机会提示完成；将米糊倒入碗中，加入适量的白糖，即可食用。

养生功效

　　此款米糊在加入糙米的基础上，又添加了黑芝麻、红枣，可以起到补益五脏的作用。

香菇芦笋粥

材料

香菇·······················5 朵
芦笋·······················50 克
大米·······················100 克
葱花·······················适量
盐·························适量

香菇：降压降脂、延缓衰老

做法

1. 大米洗净，用清水浸泡1个小时；香菇用温水泡发，去蒂，洗净，切片；芦笋洗净，切成长片。
2. 注水入锅，大火煮开后下入大米，边煮边搅拌，待水煮开后，转小火继续熬煮半个小时，下香菇片、芦笋片，待全部食材煮熟，加盐调味，撒上葱花，即可食用。

养生功效

香菇具有补肝肾、健脾胃、益气血、益智安神、美容养颜的功效，此款粥具有抗辐射的作用，有助于细胞自我修复，适合常接触辐射源者食用。

田园蔬菜粥

材料

大米·····················100 克
胡萝卜·····················30 克
香菇·····················5 朵
西蓝花·····················30 克
香菜·····················2 根
盐·····················适量

做法

1. 大米洗净，浸泡1个小时；胡萝卜洗净，切丁；香菇用温水泡发，去蒂，洗净，切片；西蓝花洗净，掰成小朵；香菜洗净，切末。
2. 注水入锅，大火煮开后下大米搅拌翻煮，待水煮开，转小火继续煮半个小时。
3. 下胡萝卜丁、香菇片、西蓝花同煮至粥成，加入适量的盐，撒上香菜末，即可食用。

养生功效

此款粥有对抗多种辐射的作用。

荷叶绿豆豆浆

材料

荷叶·····················5 克
绿豆·····················50 克
黄豆·····················30 克
白糖·····················适量

做法

1. 黄豆、绿豆分别洗净，用清水浸泡6~8个小时；荷叶用温水泡开。
2. 将以上食材全部倒入豆浆机中，加水至上、下水位线之间，按下"豆浆"键。
3. 待豆浆机提示豆浆做好后，倒出过滤，再加入适量的白糖，即可饮用。

养生功效

荷叶有清热利尿、健脾升阳的功效，此款豆浆尤其适合水肿型、便秘型、脂肪过多型、肉松垮型等肥胖者饮用。

黑木耳薏苡仁糊

材料

薏苡仁·····················50 克
黑木耳·····················10 克
红豆·······················20 克
红枣·······················3 颗
白糖·······················适量

黑木耳： 益气强身、活血止血

做法

1. 红豆洗净，用清水浸泡6~8个小时；薏苡仁洗净，用清水浸泡2个小时；黑木耳用温水泡发、洗净，去蒂；红枣则用温水泡开，去核备用。

2. 将以上食材全部倒入豆浆机中，加水至上、下水位线之间，按下"米糊"键。

3. 米糊煮好后，豆浆机会提示完成；将米糊倒入碗中，加入适量的白糖，即可食用。

养生功效

　　黑木耳可益气强身、活血止血；薏苡仁可利水美白；红豆、红枣均可养血。故此款米糊有助于维护血管韧度及防治贫血。

燕麦芝麻糯米豆浆

材料

生燕麦片⋯⋯⋯⋯⋯⋯⋯30 克
黑芝麻⋯⋯⋯⋯⋯⋯⋯⋯20 克
黄豆⋯⋯⋯⋯⋯⋯⋯⋯⋯50 克
白糖⋯⋯⋯⋯⋯⋯⋯⋯⋯适量

做法

1.黄豆洗净，用清水浸泡6~8个小时；黑芝麻、生燕麦片分别洗净，沥干水分备用。
2.将以上食材全部倒入豆浆机中，加水至上、下水位线之间，按下"豆浆"键。
3.待豆浆机提示豆浆做好后，倒出过滤，再加入适量的白糖，即可饮用。

养生功效

芝麻性平，味甘，有滋补肝肾、润燥滑肠的功效。此款豆浆能够双向调节肠道的功能，增强胃肠吸收能力，从而提高身体免疫力。

小麦核桃红枣豆浆

材料

小麦⋯⋯⋯⋯⋯⋯⋯⋯⋯20 克
核桃仁⋯⋯⋯⋯⋯⋯⋯⋯10 克
红枣⋯⋯⋯⋯⋯⋯⋯⋯⋯5 颗
黄豆⋯⋯⋯⋯⋯⋯⋯⋯⋯50 克
白糖⋯⋯⋯⋯⋯⋯⋯⋯⋯适量

做法

1.黄豆、小麦洗净，用清水浸泡6~8个小时；核桃仁、红枣用温水泡开，红枣去核。
2.将以上食材全部倒入豆浆机中，加水至上、下水位线之间，按下"豆浆"键。
3.待豆浆机提示豆浆做好后，倒出过滤，再加入适量的白糖，即可饮用。

养生功效

此款豆浆具有强身健脑、补气养血的功效，经常饮用有助于增强体质、延缓衰老、提高免疫力。

羊肉粥

材料

大米··················100 克
羊肉··················50 克
生姜末················适量
葱花··················适量
盐····················适量
料酒··················适量
食用油················适量

羊肉：益气补虚、温肾助阳

做法

1. 大米洗净，用清水浸泡1个小时；羊肉煮熟后，切成小丁。
2. 注清水入锅，用大火煮开，倒入大米，边煮边搅拌。
3. 炒锅置火上，入油烧热，入葱花、生姜末爆香，放入羊肉丁，加料酒翻炒入味后，倒入大米粥中煮至粥成，加盐调味即可。

养生功效

　　羊肉具有补虚壮阳的功效，再加上生姜、葱花散寒助阳的作用，此款粥适宜冬季用作强身健体的食疗。

桑葚红枣米糊

材料

大米·······················70 克
桑葚·······················30 克
红枣·······················10 颗
白糖·······················适量

做法

1. 大米洗净，用清水浸泡2个小时；桑葚用温水泡开；红枣用温水泡开，去核。
2. 将以上食材全部倒入豆浆机中，加水至上、下水位线之间，按下"米糊"键。
3. 米糊煮好后，豆浆机会提示完成；将米糊倒入碗中，加入适量的白糖，即可食用。

养生功效

　　此款米糊可起到预防人体骨骼关节硬化、骨质疏松的作用。

莴笋黄瓜豆浆

材料

莴笋·······················20 克
黄瓜·······················20 克
黄豆·······················50 克
白糖·······················适量

做法

1. 黄豆洗净，用清水浸泡6～8个小时；莴笋、黄瓜分别洗净，去皮，切成小块。
2. 将以上食材全部倒入豆浆机中，加水至上、下水位线之间，按下"豆浆"键。
3. 待豆浆机提示豆浆做好后，倒出过滤，再加入适量的白糖，即可饮用。

养生功效

　　此款豆浆中，莴笋和黄瓜性都偏寒、凉，具有良好的清热解毒、消脂减肥的功效。

扁豆小米米糊

材料

小米·····················70 克
大米·····················20 克
扁豆·····················15 克
盐························适量

小米： 补益虚损、和中益肾

做法

1. 小米、大米分别洗净，用清水浸泡2个小时；扁豆洗净，去筋，切成小片。
2. 将以上食材全部倒入豆浆机中，加水至上、下水位线之间，按下"米糊"键。
3. 米糊煮好后，豆浆机会提示做好，倒入碗中，加入适量的盐，即可食用。

养生功效

　　扁豆可起到辅助治疗脾胃虚弱的作用；小米、大米具有补益脾胃的功效，三者同打成米糊可起到很好的养胃作用。

小米红豆粥

材料

小米·····················50 克

红豆·····················50 克

大米·····················100 克

白糖·····················适量

红豆： 健脾益胃、利尿消肿

做法

1. 大米、小米、红豆分别洗净，大米、小米用清水浸泡1个小时，红豆用清水浸泡4个小时，备用。

2. 注水入锅，大火煮开后将大米、小米和红豆一起倒入，边煮边搅拌。

3. 水煮开后，转小火慢慢熬煮至粥成，再加入适量的白糖，搅拌均匀后，倒入碗中，即可以食用。

养生功效

此款粥有利水消肿、清热解毒、健胃消食的功效，适宜胃热者食用。

银耳莲子米糊

材料
大米·····················50 克
银耳·····················15 克
莲子·····················10 克
百合·····················10 克
红枣······················3 颗
白糖······················适量

做法
1. 大米浸泡2个小时；其余材料用温水泡发，银耳去蒂，莲子去心去衣，红枣去核。
2. 将以上食材倒入豆浆机中，加水至上、下水位线之间，按下"米糊"键。
3. 米糊煮好后，豆浆机会提示做好，将米糊倒入碗中，加入白糖，即可食用。

养生功效
　　此款米糊具有清热解毒的功效，经常食用还能美容润肤。

牛奶燕麦粥

材料
牛奶·····················200 毫升
燕麦或生燕麦片···········100 克
白糖······················适量

做法
1. 燕麦或生燕麦片洗净，用清水浸泡半个小时，备用。
2. 注适量清水入锅，大火煮开后，将浸泡好的燕麦或生燕麦片（2选1）倒入锅中，边煮边搅拌。
3. 煮开后，加牛奶转小火继续慢熬至粥成，再加入适量的白糖，搅拌均匀，倒入碗中，即可食用。

养生功效
　　牛奶可安抚情绪；燕麦可通便排毒，二者煮粥食用可起到安神助眠的作用。

红豆百合豆浆

材料

红豆··············30 克

百合··············20 克

黄豆··············50 克

白糖··············适量

百合： 养心安神、润肺止咳

做法

1.黄豆、红豆分别洗净，用清水浸泡6～8个小时；百合用温水泡开。

2.将以上食材全部倒入豆浆机中，加水至上、下水位线之间，按下"豆浆"键。

3.待豆浆煮好后，豆浆机会提示做好，倒出过滤，再加入适量的白糖，即可饮用。

养生功效

　　百合具有养阴润肺、清心安神的功效；此款豆浆中的红豆具有护心功效。二者搭配饮用可起到清心安神的作用。

黑芝麻牛奶豆浆

材料

黑芝麻······················20 克
牛奶······················200 毫升
黄豆······················50 克
白糖······················适量

做法

1. 黄豆洗净，用清水浸泡6～8个小时；黑芝麻洗净，沥干水分，备用。
2. 将黑芝麻、黄豆和牛奶同倒入豆浆机中，加水至上、下水位线之间，按下"豆浆"键。
3. 待豆浆机提示豆浆做好后，倒出过滤，再加入适量的白糖，即可饮用。

养生功效

　　黑芝麻、牛奶均具有很强的滋补强身作用，二者同打为豆浆尤其适合中老年人饮用。

丝瓜虾皮米糊

材料

小米······················80 克
丝瓜······················50 克
虾皮······················15 克
料酒······················适量
盐······················适量

做法

1. 小米洗净，用清水浸泡2个小时；丝瓜洗净，去皮去瓤，切丁；虾皮入温水加几滴料酒泡软，捞出后沥干。
2. 将以上食材全部倒入豆浆机中，加水至上、下水位线之间，按下"米糊"键。
3. 豆浆机提示米糊煮好以后，加入适量的盐，即可食用。

养生功效

　　此款米糊具有清热凉血的功效，同时还可保护心血管系统。

荞麦米糊

材料

荞麦·····················70 克
大米·····················30 克
盐·······················适量

荞麦：健胃消积、降气宽肠

做法

1. 荞麦洗净，用清水浸泡4个小时；大米洗净，用清水浸泡2个小时。
2. 将以上食材全部倒入豆浆机中，加水至上、下水位线之间，按下"米糊"键。
3. 米糊煮好后，豆浆机会提示做好；将米糊倒入碗中，加入适量的盐，即可食用。

养生功效

　　此款米糊具有凉血、除湿热、降低胆固醇的功效，可作为高血压、高脂血症、糖尿病等患者的辅助治疗食品。

红豆米糊

材料

大米·······················60 克
红豆·······················30 克
陈皮·······················3 克
白糖·······················适量

做法

1. 红豆洗净，用清水浸泡6～8个小时；大米洗净，用清水浸泡2个小时；陈皮用温水泡软，备用。
2. 将以上食材全部倒入豆浆机中，加水至上、下水位线之间，按下"米糊"键。
3. 米糊煮好后，豆浆机会提示做好；将米糊倒入碗中，加入适量的白糖，即可食用。

养生功效

　　红豆具有利水除湿、消肿解毒的功效，适宜患有水肿、脚气病的患者食用。

红薯山药糯米粥

材料

红薯·······················30 克
山药·······················20 克
黄豆·······················20 克
糯米·······················70 克
白糖·······················适量

做法

1. 糯米、黄豆分别洗净，用清水浸泡4个小时；红薯、山药去皮，洗净，切成小块。
2. 注水入锅，大火煮开，下黄豆煮至滚沸后加入糯米、红薯、山药同煮，边煮边搅拌。
3. 待水再次煮开后，转小火继续慢熬至粥黏稠，加入适量的白糖调味，即可食用。

养生功效

　　此款粥具有健脾养胃、增强胃动力及促进肠道蠕动的功效，尤其适宜脾胃虚弱者食用。

冬瓜海带粥

材料

海带·····················50 克
冬瓜·····················50 克
大米····················100 克
葱花······················适量
盐························适量

冬瓜：利水止渴、消脂降压

做法

1. 大米洗净，浸泡1个小时；海带泡发洗净，切丝；冬瓜去皮去瓤，洗净，切成小块。
2. 注水入锅，大火煮开后，将大米、海带、冬瓜全倒入锅中，边煮边搅拌。
3. 煮开后，转小火继续慢慢熬煮至粥成，再加入适量的盐，撒上葱花，即可食用。

养生功效

　　此款粥中的冬瓜和海带都具有除湿利水、止咳化痰的功效，尤其适宜痰湿体质者食用。

冬瓜萝卜豆浆

材料

冬瓜·······················30 克
白萝卜·····················30 克
黄豆·······················50 克
白糖·······················适量

做法

1. 黄豆洗净，用清水浸泡6~8个小时；冬瓜、白萝卜分别洗净，去皮，切成小块。
2. 将以上食材全部倒入豆浆机中，加水至上、下水位线之间，按下"豆浆"键。
3. 待豆浆煮好后，豆浆机会提示做好；将豆浆倒出过滤，再加入适量的白糖，即可饮用。

养生功效

此款豆浆中的冬瓜具有利水、减肥的功效，白萝卜、黄豆则具有清热解毒的功效。

山药薏苡仁豆浆

材料

山药·······················20 克
薏苡仁·····················30 克
黄豆·······················50 克
白糖·······················适量

做法

1. 黄豆洗净，用清水浸泡6~8个小时；薏苡仁洗净，用清水浸泡4个小时；山药去皮，洗净，切丁。
2. 将以上食材全部倒入豆浆机中，加水至上、下水位线之间，按下"豆浆"键。
3. 待豆浆煮好后，豆浆机会提示做好；将豆浆倒出过滤，再加入适量的白糖，即可饮用。

养生功效

薏苡仁是常见的除湿利水的食物，尤其适合在夏季潮湿的时候食用；山药具有补气、健脾和胃的功效。

银耳粥

材料

银耳⋯⋯⋯⋯⋯⋯⋯2朵
干百合⋯⋯⋯⋯⋯⋯10克
大米⋯⋯⋯⋯⋯⋯⋯100克
冰糖⋯⋯⋯⋯⋯⋯⋯适量

做法

1. 大米洗净，用水浸泡1个小时；银耳、干百合各用温水泡开，银耳去蒂，撕小朵。
2. 注水入锅，大火煮开后，将所有食材一起倒入锅中，大火煮沸转小火熬煮至粥成，加入冰糖煮溶即可。

养生功效

银耳、百合、大米同煮为粥，适宜燥热咳嗽者食用，同时也可润肤美容。

百合莲子豆浆

材料

百合…………………………20 克
莲子…………………………15 克
黄豆…………………………60 克
蜂蜜…………………………适量

做法

1. 黄豆洗净，用清水浸泡6~8个小时；百合、莲子分别用温水泡开，莲子去心、去衣。
2. 将以上食材全部倒入豆浆机中，加水至上、下水位线之间，按下"豆浆"键。
3. 待豆浆煮好后，豆浆机会提示做好；将豆浆倒出过滤，加入适量的蜂蜜，即可饮用。

养生功效

　　此款豆浆具有滋阴润肺的功效，百合、莲子搭配，还可起到止咳、清火、宁心、安眠的作用。

花生红枣豆浆

材料

花生仁………………………30 克
红枣…………………………10 颗
黄豆…………………………50 克
白糖…………………………适量

做法

1. 黄豆洗净，用清水浸泡6~8个小时；花生仁、红枣用温水泡开，红枣去核。
2. 将以上食材全部倒入豆浆机中，加水至上、下水位线之间，按下"豆浆"键。
3. 待豆浆煮好后，豆浆机会提示做好；将豆浆倒出过滤，再加入适量的白糖，即可饮用。

养生功效

　　红枣有补脾、安神、补血调经、活血止痛、润肠通便的作用。此款豆浆具有补血养颜的功效，尤其适合女性饮用。

双耳萝卜米糊

材料

大米……………………80 克

黑木耳…………………10 克

银耳……………………10 克

白萝卜…………………20 克

盐………………………适量

白萝卜：下气消食、解毒生津

做法

1. 大米洗净，用清水浸泡2个小时；黑木耳、银耳泡发，去蒂；白萝卜洗净去皮，切成小块，备用。

2. 将以上食材倒入豆浆机中，加水至上、下水位线之间，按下"米糊"键，豆浆机提示做好后倒入碗中，加入适量的盐，即可食用。

养生功效

这款米糊具有化痰、清肺热的功效，尤其适合秋冬季节食用。同时，还可起到滋阴、补肾、美容的作用。

百合薏苡仁糊

材料
薏苡仁·····················80 克
百合·····················30 克
白糖·····················适量

薏苡仁：利尿消肿、清热解毒

做法
1. 薏苡仁洗净，用清水浸泡4个小时；百合洗净，用温水泡开。
2. 将以上食材全部倒入豆浆机中，加水至上、下水位线之间，按下"米糊"键。
3. 米糊煮好后，豆浆机会提示完成；将米糊倒入碗中，加入适量的白糖，即可食用。

养生功效
　　此款米糊中的百合具有滋阴润肺、止咳祛燥的功效；薏苡仁具有健脾除湿的功效。二者合打而成的米糊可起到润肺祛湿的作用。

红豆桂圆豆浆

材料

红豆······················20克
桂圆······················20克
黄豆······················50克
白糖······················适量

做法

1. 黄豆、红豆洗净，用清水浸泡6～8个小时；桂圆去壳，取肉，其肉用温水泡开。
2. 将以上食材全部倒入豆浆机中，加水至上、下水位线之间，按下"豆浆"键。
3. 待豆浆机提示豆浆做好后，倒出过滤，再加入适量的白糖，即可饮用。

养生功效

　　红豆补心血、消水肿；桂圆养血安神、补气助阳，二者同打成豆浆，常饮用可起到改善贫血的作用。

西红柿薏苡仁糊

材料

薏苡仁·····················80克
西红柿·····················1个
白糖······················适量

做法

1. 薏苡仁洗净，用清水浸泡4个小时；西红柿洗净，入沸水略焯，去皮，切成小块。
2. 将以上食材全部倒入豆浆机中，加水至上、下水位线之间，按下"米糊"键。
3. 米糊煮好后，豆浆机会提示完成；将米糊倒入碗中，加入适量的白糖，即可食用。

养生功效

　　西红柿可起到减少脂肪的作用；薏苡仁有助于利水除湿，二者同打成米糊，特别适合脾虚痰湿型肥胖者食用。

鸭血小米米糊

材料
小米······················80 克
鸭血······················30 克
盐························适量

鸭血： 清热解毒、活血补血

做法
1. 小米洗净，用清水浸泡2个小时；鸭血切成小块后，用温水浸泡10分钟。
2. 将以上食材全部倒入豆浆机中，加水至上、下水位线之间，按下"米糊"键。
3. 米糊煮好后，豆浆机会提示完成；将米糊倒入碗中，加入适量的盐，即可食用。

养生功效
　　此款米糊具有活血补血、滋阴养肝的功效，不仅适合肝病患者食用，同时也适合经常头晕目眩、心悸者食用。

鸡肝米糊

材料

大米······················100 克
鸡肝······················3 个
葱花······················适量
盐·························适量

鸡肝：补肝益肾、解毒明目

做法

1. 大米洗净，用清水浸泡2个小时；鸡肝洗净，切成小片，入沸水焯至变色。
2. 将以上食材全部倒入豆浆机中，加水至上、下水位线之间，按下"米糊"键。
3. 米糊煮好后，豆浆机会提示完成；将米糊倒入碗中，加入适量的盐，撒上葱花，即可食用。

养生功效

　　此款米糊不仅具有养肝补肝的功效，而且对于因肝脏原因导致的视力低下也有一定的调理作用。

玫瑰花黑豆豆浆

材料

玫瑰花⋯⋯⋯⋯⋯⋯⋯⋯5克
黑豆⋯⋯⋯⋯⋯⋯⋯⋯⋯80克
白糖⋯⋯⋯⋯⋯⋯⋯⋯⋯适量

做法

1. 黑豆洗净，用清水浸泡6~8个小时；玫瑰花用温水泡开。
2. 将以上食材全部倒入豆浆机中，加水至上、下水位线之间，按下"豆浆"键。
3. 待豆浆机提示豆浆做好后，倒出过滤，再加入适量的白糖，即可饮用。

养生功效

　　玫瑰花具有行气活血的功效；黑豆具有活血补血、宁心安神的功效。二者同打而成的豆浆，补血效果最佳。

红豆花生红枣粥

材料

红豆⋯⋯⋯⋯⋯⋯⋯⋯50克
花生仁⋯⋯⋯⋯⋯⋯⋯30克
红枣⋯⋯⋯⋯⋯⋯⋯⋯10颗
糯米⋯⋯⋯⋯⋯⋯⋯⋯100克
红糖⋯⋯⋯⋯⋯⋯⋯⋯适量

做法

1. 糯米、红豆分别洗净，糯米用清水浸泡2个小时，红豆用清水浸泡4个小时；红枣、花生仁分别用温水泡开，红枣去核。
2. 注水入锅，大火煮开后，将以上所有食材倒入锅中，边煮边搅拌。
3. 水煮开后，转小火继续慢慢熬煮至粥成，加入适量的红糖，即可食用。

养生功效

　　此款粥中的红豆、花生仁、红枣补血效果好，若将糯米换为紫米则补益效果更佳。

韭菜虾仁米糊

材料

大米……………………80 克
韭菜……………………30 克
虾仁……………………20 克
料酒……………………适量
盐………………………适量

虾仁：健脾养胃、补肾助阳

做法

1. 大米用清水浸泡2个小时；韭菜去黄叶，洗净；虾仁去虾线，洗净后用刀面拍松，再用料酒腌制15分钟。
2. 将以上食材全部倒入豆浆机中，加水至上、下水位线之间，按下"米糊"键。
3. 豆浆机提示米糊煮好后，加入盐调味，即可食用。

养生功效

　　虾仁为壮阳补肾的佳品；韭菜则具有暖肾的功效，两者合打成米糊，尤其适宜肾阳虚者食用。

绿茶百合绿豆豆浆

材料
绿茶······················10 克
百合······················10 克
绿豆······················80 克
蜂蜜······················适量

做法
1. 绿豆洗净，用清水浸泡6~8个小时；百合、绿茶用温水泡开。
2. 将以上食材全部倒入豆浆机中，加水至上、下水位线之间，按下"豆浆"键。
3. 待豆浆机提示豆浆做好后，倒出过滤，加入适量的蜂蜜，即可饮用。

养生功效
　　绿豆有消肿通气、清热解毒的功效。此款豆浆偏凉性，具有良好的清热祛火功效，尤其适合肝火旺盛者夏季饮用，但孕妇不宜饮用。

山药虾仁粥

材料
山药······················70 克
虾仁······················30 克
大米······················100 克
葱花······················适量
料酒······················适量
盐·······················适量

做法
1. 大米洗净，用清水浸泡1个小时；山药去皮，洗净，切成小块；虾仁去虾线，洗净，用刀面拍松，加适量料酒腌制15分钟。
2. 注水入锅，大火煮开后下大米、山药同煮，边煮边适当搅拌，待水煮开后，转小火继续熬煮至粥八成熟，倒入虾仁同煮至粥全熟后，加入适量的盐，撒上葱花，即可出锅。

养生功效
　　此款粥具有健脾固肾、提高免疫力的功效。

菊花绿豆粥

材料
菊花……………………15 克
绿豆……………………50 克
大米……………………100 克
冰糖……………………适量

冰糖：养阴生津、润肺止咳

做法
1. 大米、绿豆分别洗净，大米用清水浸泡1个小时；绿豆浸泡4个小时；菊花用温水泡开，备用。
2. 注水入锅，大火煮开后，将以上食材全部倒入锅中，边煮边适当搅拌，待水煮开后，转小火继续慢慢熬至粥成，再加入适量的冰糖，待冰糖溶化后，倒入碗中，即可食用。

养生功效
　　此款粥中，绿豆具有清火、解毒、利水的功效；菊花可平肝明目。二者同煮粥，服食后对肝脏、眼睛都很有益处。

黄瓜绿豆豆浆

材料

黄瓜……………………30 克

绿豆……………………20 克

黄豆……………………50 克

黄瓜：清热解渴、降低血糖

做法

1.黄豆、绿豆分别洗净，用清水浸泡6～8个小时；黄瓜洗净、去皮，切成小块。

2.将以上食材全部倒入豆浆机中，加水至上、下水位线之间，按下"豆浆"键。

3.待豆浆机提示豆浆做好后，倒出过滤，即可饮用。

养生功效

　　此款豆浆具有清热祛火的作用，且性质较为温和，能清热解毒，一般人群皆可饮用。

红豆小米米糊

材料

红豆……………………40 克
小米……………………40 克
莲子……………………10 克
白糖……………………适量

做法

1. 红豆用清水浸泡6个小时；小米洗净，用清水浸泡2个小时；莲子用温水泡开，去衣留心，备用。
2. 将以上食材全部倒入豆浆机中，加水至上、下水位线之间，按下"米糊"键。
3. 豆浆机提示米糊煮好后，加入白糖即可。

养生功效

　　红豆具有利水、清热的功效；莲子清热效果绝佳。二者与小米同打成米糊，尤其适宜心火过盛者食用。

苦瓜粥

材料

苦瓜……………………半根
大米……………………100 克
冰糖……………………适量

做法

1. 大米洗净，用清水浸泡1个小时；苦瓜洗净，切小块。
2. 注清水入锅，大火煮开后下大米，边煮边适当搅拌。
3. 待水煮开后，加入苦瓜块转小火慢慢熬至粥成，再加入适量的冰糖，待冰糖溶化后，倒入碗中，即可食用。

养生功效

　　苦瓜性寒，味苦，具有清热解暑、明目解毒的功效，与大米同煮成粥可清火解毒，但不宜长久食用，孕妇忌服。

黑豆黑米米糊

材料

黑豆·····················60 克
黑米·····················50 克
白糖·····················适量

黑豆：滋阴补肾、延缓衰老

做法

1.黑豆洗净，用清水浸泡6~8个小时；黑米洗净，用清水浸泡4个小时。

2.将以上食材全部倒入豆浆机中，加水至上、下水位线之间，按下"米糊"键。

3.米糊煮好后，豆浆机会提示做好；将米糊倒入碗中，加入适量的白糖，即可食用。

养生功效

　　一般而言，黑色食物对肾脏具有良好的补益作用，此款米糊十分适合肾气虚者食用。

黑芝麻黑豆豆浆

材料

黑芝麻··················30 克

黑豆··················70 克

白糖··················适量

做法

1. 黑豆洗净，用清水浸泡6~8个小时；黑芝麻洗净，沥干水分，备用。
2. 将以上食材全部倒入豆浆机中，加水至上、下水位线之间，按下"豆浆"键。
3. 待豆浆机提示豆浆做好后，倒出过滤，再加入适量的白糖，即可饮用。

养生功效

此款豆浆具有补肾益气的功效，同时也可辅助治疗腰膝酸软、四肢无力等因肾气虚引起的症状。

黄豆薏苡仁糊

材料

黄豆··················50 克

薏苡仁··················20 克

腰果··················15 克

莲子··················15 克

白糖··················适量

做法

1. 黄豆洗净，用清水浸泡6~8个小时；薏苡仁洗净，用清水浸泡4个小时；腰果、莲子用温水泡开，莲子去心、去衣。
2. 将以上食材全部倒入豆浆机中，加水至上、下水位线之间，按下"米糊"键。
3. 米糊煮好后，豆浆机会提示做好；将米糊倒入碗中，加入适量的白糖，即可食用。

养生功效

此款米糊中特地加入了腰果和莲子，有增强体力、补肾强心的功效。

红枣燕麦糙米米糊

材料

糙米……………………50 克
生燕麦片………………30 克
红枣……………………5 颗
莲子……………………10 克
枸杞子…………………5 克
白糖……………………适量

做法

1. 糙米淘净泡发；生燕麦片洗净，沥干水分；红枣、莲子、枸杞子用温水泡开，红枣去核，莲子去心、去衣。
2. 将以上食材全部倒入豆浆机中，加水至上、下水位线之间，按下"米糊"键，豆浆机提示完成后，加白糖调味即可。

养生功效

此款米糊有养血活血、安神宁心的功效。

红豆红枣紫米米糊

材料

红豆⋯⋯⋯⋯⋯⋯25克
紫米⋯⋯⋯⋯⋯⋯75克
红枣⋯⋯⋯⋯⋯⋯5颗
白糖⋯⋯⋯⋯⋯⋯适量

红枣：补血益气、补益脾胃

做法

1. 红豆洗净，用清水浸泡6～8个小时；紫米洗净，用清水浸泡4个小时；红枣洗净，去核，用温水泡开。
2. 将以上食材全部倒入豆浆机中，加水至上、下水位线之间，按下"米糊"键。
3. 待豆浆机提示米糊煮好后，倒入碗中，加入适量的白糖，即可食用。

养生功效

　　紫米性温，味甘，有益气补血、暖胃健脾、滋补肝肾的功效。红豆、红枣都有很强的补血功效，三者合打成的米糊，营养更易被人体所吸收。

PART 5

养颜塑身篇

养颜塑身既是一门技术，也是一门艺术。拥有美丽无瑕的容颜和健康匀称的体形是每个女人追求的目标，那么怎么样才能做到呢？靠外在的保养显然是不够的，只能治标而不能治本。美好的容颜和体形还是需要靠饮食的调养。

豆腐薏苡仁粥

材料
豆腐……………………70 克
薏苡仁…………………30 克
红枣……………………10 颗
糯米……………………50 克
白糖……………………适量

做法
1. 糯米、薏苡仁分别洗净，用清水浸泡4个小时；豆腐切丁；红枣用温水泡发，去核。
2. 注水入锅，大火煮开后下糯米、薏苡仁、红枣同煮，同时适当搅拌。
3. 待水煮开后，倒入豆腐丁同煮15分钟，加入白糖，待白糖溶化后，即可食用。

养生功效
　　此款粥具有清热解毒、活血行血的功效，尤其适宜内脏燥热者及因燥热而引起青春痘的人群食用。

糯米：补益脾胃、养血补气

雪梨黑豆米糊

材料

大米……………………60 克
黑豆……………………50 克
雪梨……………………1 个
白糖……………………适量

做法

1. 大米洗净，用清水浸泡2个小时；黑豆洗净，用清水浸泡6～8个小时；雪梨洗净，去皮去核，切成小块。
2. 将以上食材全部倒入豆浆机中，加水至上、下水位线之间，按下"米糊"键。
3. 米糊煮好后，豆浆机会提示做好；将米糊倒入碗中，加入适量的白糖，即可食用。

养生功效

　　此款以黑豆、雪梨为主的米糊，具有养肾补血、活血祛斑的功效。

糯米黑豆豆浆

材料

糯米……………………30 克
黑豆……………………50 克
黄豆……………………20 克
白糖……………………适量

做法

1. 黄豆、黑豆洗净，用清水浸泡6～8个小时；糯米洗净，用清水浸泡4个小时。
2. 将以上食材全部倒入豆浆机中，加水至上、下水位线之间，按下"豆浆"键。
3. 待豆浆机提示豆浆做好后，倒出过滤，再加入适量的白糖，即可饮用。

养生功效

　　此款豆浆具有补肾活血、滋阴养颜的功效，经常饮用可美肤、润肤、提升气色。

茉莉玫瑰花豆浆

材料

茉莉花……………………5克
玫瑰花……………………5克
黄豆………………………70克
白糖………………………适量

茉莉花：行气解郁、清热解表

做法

1. 黄豆洗净，用清水浸泡6~8个小时；茉莉花、玫瑰花分别用温水泡开。
2. 将以上食材全部倒入豆浆机中，加水至上、下水位线之间，按下"豆浆"键。
3. 待豆浆机提示豆浆做好后，倒出过滤，再加入适量的白糖，即可饮用。

养生功效

　　此款豆浆不仅有补水、滋润肌肤的功效，还具有行气解郁、补血调经的作用，尤其适宜女性饮用。

益母草红枣粥

材料

益母草······················20 克
红枣························10 颗
大米························100 克
红糖························适量

做法

1. 大米泡发；红枣去核，切成小块；益母草嫩叶洗净，切碎。
2. 大米加适量清水煮开，放入红枣煮至粥稠时，下入益母草，略煮后盛出，加入红糖拌匀即可。

养生功效

　　益母草具有活血、祛淤、调经、消水的功效；红枣具有补虚益气、养血安神的功效。两者同煮为粥，能活血化淤、补血养颜，可以治疗妇女月经不调、痛经等症。

枸杞子核桃米糊

材料

大米························60 克
核桃仁······················30 克
枸杞子······················20 克
白糖························适量

做法

1. 大米洗净，用清水浸泡2个小时；核桃仁、枸杞子用温水泡开。
2. 将以上食材全部倒入豆浆机中，加水至上、下水位线之间，按下"米糊"键。
3. 米糊煮好后，豆浆机会提示做好；将米糊倒入碗中，加入适量的白糖，即可食用。

养生功效

　　枸杞子具有补肾的功效，与大米、核桃仁同打成米糊，可起到延缓衰老的作用。此款米糊尤其适宜年老者食用。

西芹薏苡仁豆浆

材料

西芹······················20 克

薏苡仁·····················20 克

黄豆······················50 克

盐或白糖·····················适量

西芹： 平肝清热、祛风利湿

做法

1. 黄豆洗净，用清水浸泡6~8个小时；薏苡仁洗净，用清水浸泡4个小时；西芹洗净，切碎，备用。

2. 将以上食材全部倒入豆浆机中，加水至上、下水位线之间，按下"豆浆"键。

3. 待豆浆机提示豆浆做好后，倒出过滤，可按照个人口味加入适量的白糖或盐。

养生功效

　　此款豆浆除了具有美白淡斑的功效，对水肿、肥胖、高血压等症也有一定辅助治疗作用。

杏仁黑芝麻豆浆

材料

杏仁·····················20 克
黑芝麻···················10 克
糯米·····················20 克
黄豆·····················50 克
白糖·····················适量

做法

1.黄豆洗净，用清水浸泡6~8个小时；糯米洗净，用清水浸泡4个小时；杏仁用温水泡开；黑芝麻洗净。

2.将以上食材全部倒入豆浆机中，加水至上、下水位线之间，按下"豆浆"键。

3.待豆浆机提示豆浆做好后，倒出过滤，再加入白糖，即可饮用。

养生功效

此款豆浆有活血行气、利水消肿、美白润肤的功效。

牛奶黑芝麻粥

材料

牛奶·····················200 毫升
黑芝麻···················30 克
枸杞子···················10 克
大米·····················100 克
白糖·····················适量

做法

1.大米洗净，浸泡1个小时；黑芝麻用清水洗好，沥干水分，备用；枸杞子用温水泡开。

2.注水入锅，大火煮开后下大米、黑芝麻同煮，边煮边适当搅拌。

3.待水煮开后，加入牛奶转小火慢熬半个小时，加入枸杞子和白糖同煮约5分钟即可。

养生功效

牛奶历来是美容佳品，而枸杞子和黑芝麻也都具有抗衰、防衰的作用，三者合熬为粥，食用可起到延缓衰老的作用。

胡萝卜米糊

材料

大米……………………70 克
胡萝卜…………………60 克
食用油……………………适量
盐…………………………适量

做法

1. 大米洗净，用清水浸泡2个小时；胡萝卜洗净，切丁。
2. 热锅入油，倒入胡萝卜丁炒至表面松软。
3. 将大米与炒好的胡萝卜都放入豆浆机中，加水至上、下水位线之间，按下"米糊"键。
4. 米糊煮好后，豆浆机会提示做好；将米糊倒入碗中，加入适量的盐，即可食用。

养生功效

　　胡萝卜性平，味甘，具有补肝明目、清热解毒的功效，含有丰富的营养元素，对眼睛干涩等眼部疾病有一定的预防作用。

胡萝卜： 清热解毒、补肝明目

绿豆荞麦糊

材料

绿豆	50 克
荞麦	50 克
莲子	20 克
白糖	适量

做法

1. 绿豆洗净，用清水浸泡6个小时；荞麦洗净，用清水浸泡4个小时；莲子用温水泡发，去心、去衣，洗净。
2. 将以上食材全部倒入豆浆机中，加水至上、下水位线之间，按下"米糊"键。
3. 豆浆机提示米糊煮好后，加入适量的白糖，即可食用。

养生功效

　　此款麦糊具有清热润燥的功效，适宜因上火导致眼部不适的患者食用。

菊花豆浆

材料

菊花	10 克
黄豆	80 克
冰糖	适量

做法

1. 黄豆洗净，用清水浸泡6~8个小时；菊花用温水泡开。
2. 将以上食材全部倒入豆浆机中，加水至上、下水位线之间，按下"豆浆"键。
3. 待豆浆机提示豆浆做好后，倒出过滤，加入适量的冰糖，即可饮用。

养生功效

　　菊花性微寒，味甘、苦，具有很好的祛火、清肝明目的功效，需要注意的是实火过盛者需将黄豆改为绿豆食用。

玫瑰花红豆豆浆

材料

玫瑰花·····················5 克

红豆·····················30 克

黄豆·····················50 克

白糖·····················适量

做法

1. 黄豆、红豆分别洗净，用清水浸泡6～8个小时；玫瑰花用温水泡开。

2. 将以上食材全部倒入豆浆机中，加水至上、下水位线之间，按下"豆浆"键。

3. 待豆浆机提示豆浆做好后，倒出过滤，再加入适量的白糖，即可饮用。

养生功效

　　此款豆浆添加了玫瑰花、红豆，具有益气补血、活血祛斑的功效，还可起到改善肤色苍白、暗黄的作用。

玫瑰花： 美容养颜、养血补血

胡萝卜枸杞子豆浆

材料

胡萝卜………………………30 克

枸杞子………………………10 克

黄豆…………………………50 克

白糖…………………………适量

做法

1.黄豆洗净，用清水浸泡6～8个小时；枸杞子用温水泡开；胡萝卜洗净，切成小块。

2.将以上食材全部倒入豆浆机中，加水至上、下水位线之间，按下"豆浆"键。

3.待豆浆机提示豆浆做好后，倒出过滤，再加入适量的白糖，即可饮用。

养生功效

胡萝卜、枸杞子皆是明目佳品，此款豆浆不仅可起到明亮眼睛的功效，同时对肝肾也有一定的养护作用。

猪肝银耳粥

材料

猪肝…………………………30 克

银耳…………………………2 朵

鸡蛋…………………………1 个

大米…………………………100 克

盐、淀粉各适量

做法

1.大米洗净，用清水浸泡1个小时；银耳泡发，去蒂撕碎；猪肝洗净，切片，放入碗中，加入盐、淀粉，打入鸡蛋，调匀挂浆。

2.注水入锅，大火煮开后，放入大米和银耳同煮，水煮开后，转小火继续慢熬半个小时。

3.加入猪肝鸡蛋浆，转中火煮至肝熟粥成，倒入碗中，即可食用。

养生功效

此款粥有补肝明目、滋阴润肺的功效，但是脂肪肝以及高脂血症患者不宜长期食用。

南瓜绿豆豆浆

材料

南瓜······30克

绿豆······20克

黄豆······50克

白糖······适量

南瓜：清热解毒、补中益气

做法

1. 黄豆、绿豆洗净，用清水浸泡6~8个小时；南瓜洗净，去皮去瓤，切成小块。
2. 将以上食材全部倒入豆浆机中，加水至上、下水位线之间，按下"豆浆"键。
3. 待豆浆机提示豆浆做好后，倒出过滤，再加入适量的白糖，即可饮用。

养生功效

此款豆浆有通便、清热解毒的功效，尤其适宜肠燥便秘者饮用。

薏苡仁燕麦豆浆

材料

薏苡仁……………………20 克
生燕麦片…………………30 克
黄豆………………………50 克
白糖………………………适量

做法

1. 黄豆洗净，用水浸泡6~8个小时；薏苡仁洗净，用水浸泡4个小时；生燕麦片洗净，浸泡半个小时，备用。
2. 将以上食材全部倒入豆浆机中，加水至上、下水位线之间，按下"豆浆"键。
3. 待豆浆机提示豆浆做好后，倒出过滤，再加入适量的白糖，即可饮用。

养生功效

　　薏苡仁利水，燕麦通便，黄豆清热，三者同打成豆浆，便秘者饮用对症状有明显的改善作用。

红薯燕麦米糊

材料

红薯………………………80 克
生燕麦片…………………80 克
盐…………………………适量

做法

1. 红薯洗净、去皮，切成小块；生燕麦片用水洗净，浸泡半个小时，备用。
2. 将以上食材全部倒入豆浆机中，加水至上、下水位线之间，按下"米糊"键。
3. 米糊煮好后，豆浆机会提示做好；将米糊倒入碗中，加入盐，即可食用。

养生功效

　　红薯和燕麦都具有促进肠胃蠕动、有助排便的功能，二者同打成米糊，尤其适宜长期便秘的患者食用。

芹菜粥

材料

芹菜·····················50 克

大米·····················100 克

盐·······················适量

做法

1.大米洗净；芹菜洗净切段。

2.注水入锅，大火煮开，放入大米煮至滚沸后转小火继续慢熬半个小时。

3.加入芹菜段同煮至菜熟粥烂，加入适量的盐，待盐溶化后，倒入碗中，即可食用。

养生功效

　　芹菜含有大量的膳食纤维，经常食用有助于预防结肠癌。

黑豆浆

材料

黑豆⋯⋯⋯⋯⋯⋯⋯⋯80 克

白糖⋯⋯⋯⋯⋯⋯⋯⋯适量

做法

1.黑豆洗净，用清水浸泡6～8个小时。

2.将浸泡好的黑豆倒入豆浆机中，加水至上、下水位线之间，按下"豆浆"键。

3.待豆浆机提示豆浆做好后，倒出过滤，再加入适量的白糖，即可饮用。

养生功效

此款豆浆具有乌发亮发、强身健体的功效。

芝麻黑米米糊

材料

黑芝麻⋯⋯⋯⋯⋯⋯⋯30 克

黑米⋯⋯⋯⋯⋯⋯⋯⋯80 克

白糖⋯⋯⋯⋯⋯⋯⋯⋯适量

做法

1.黑芝麻用清水洗净，沥干水分，备用；黑米洗净，用清水浸泡4个小时。

2.将以上食材全部倒入豆浆机中，加水至上、下水位线之间，按下"米糊"键。

3.米糊煮好后，豆浆机会提示做好；将米糊倒入碗中后，加入适量的白糖，即可食用。

养生功效

此款米糊含有丰富的维生素 E、亚油酸、芝麻酚等营养元素，经常食用可滋养毛囊细胞，使头发乌黑亮泽。

西瓜黑豆米糊

材料

西瓜肉··················150 克
大米····················70 克
黑豆····················20 克
白糖····················适量

做法

1. 大米洗净，用清水浸泡2个小时；黑豆洗净，用清水浸泡6～8个小时；西瓜肉去籽，切丁备用。
2. 将以上食材全部倒入豆浆机中，加水至上、下水位线之间，按下"米糊"键。
3. 待豆浆机提示米糊煮好后，倒入碗中，加入适量的白糖，即可食用。

养生功效

　　此款米糊不仅能起到促进毛发生长的作用，还具有清热解毒、除烦润燥、减轻脱发等功效。

糯米芝麻黑豆豆浆

材料

糯米····················30 克
黑芝麻··················15 克
黑豆····················50 克
白糖····················适量

做法

1. 黑豆洗净，用清水浸泡6～8个小时；糯米洗净，用清水浸泡4个小时；黑芝麻洗净，沥干水分。
2. 将以上食材全部倒入豆浆机中，加水至上、下水位线之间，按下"豆浆"键。
3. 待豆浆机提示豆浆做好后，倒出过滤，再加入适量的白糖，即可饮用。

养生功效

　　此款豆浆可通过提升气血、充盈肾气来滋养毛发，使得头发乌黑亮丽。

圆白菜燕麦糊

材料
燕麦······················80 克
圆白菜····················40 克
蜂蜜······················适量

做法
1. 燕麦用清水洗净，沥干水分，备用；圆白菜洗净，切碎。
2. 将以上食材全部倒入豆浆机中，加水至上、下水位线之间，按下"米糊"键。
3. 米糊煮好后，豆浆机会提示做好；将米糊倒入碗中，加入适量的蜂蜜，即可食用。

养生功效
　　此款燕麦糊具有延缓衰老、美容养颜、改善肠道状况、降低胃肠年龄的作用。

蜂蜜： 益肝和胃、养颜护肤

核桃蜂蜜黑豆豆浆

材料

核桃仁·····················30克

黑豆·····················50克

黄豆·····················20克

蜂蜜·····················适量

做法

1. 黄豆、黑豆分别洗净，用清水浸泡6~8个小时；核桃仁用温水泡开。
2. 将以上食材全部倒入豆浆机中，加水至上、下水位线之间，按下"豆浆"键。
3. 待豆浆机提示豆浆做好后，倒出过滤，加入适量的蜂蜜，即可饮用。

养生功效

核桃、黑豆都是补肾、抗衰老的佳品，此款豆浆很适合因年老肾衰导致的脱发者饮用。

榛子绿豆豆浆

材料

榛子仁·····················15克

绿豆·····················40克

黄豆·····················40克

白糖·····················适量

做法

1. 黄豆、绿豆洗净，用清水浸泡6~8个小时；榛子仁洗净，沥干水分，备用。
2. 将以上食材全部倒入豆浆机中，加水至上、下水位线之间，按下"豆浆"键。
3. 待豆浆机提示豆浆做好后，倒出过滤，再加入适量的白糖，即可饮用。

养生功效

此款豆浆，不仅具有活血养血、美容养颜、减肥降糖的功效，而且对眼睛也有一定的保健作用。

品质悦读 | 畅享生活